普通高校
应用型本科教材
APPLIED UNDERGRADUATE TEXTBOOKS

Guide for Application of Mechanical CAD Software

机械CAD
软件应用入门指导书

田春来　张红钢　肖露露◎编著

江西科学技术出版社

图书在版编目（CIP）数据

机械 CAD 软件应用入门指导书／田春来，张红钢，肖

露露编著 . — 南昌：江西科学技术出版社，2019.10（2021.12 重印）

ISBN 978 – 7 – 5390 – 6981 – 4

Ⅰ.①机…　Ⅱ.①田…②张…③肖…　Ⅲ.①机械设

计 – 计算机辅助设计 – AutoCAD 软件 – 高等学校 – 教材

Ⅳ.①TH122

中国版本图书馆 CIP 数据核字（2019）第 205418 号

国际互联网（Internet）地址：

http://www.jxkjcbs.com

选题序号：ZK2019093

图书代码：B19211 – 103

机械 CAD 软件应用入门指导书　　　　田春来　张红钢　肖露露　编著

出版发行	江西科学技术出版社
社址	南昌市蓼洲街 2 号附 1 号
	邮编:330009　电话:(0791)86623491　86639342(传真)
印刷	江西骁翰科技有限公司
经销	各地新华书店
开本	787mm×1092mm　1/16
字数	350 千字
印张	19.25
版次	2019 年 10 月第 1 版　2021 年 12 月第 3 次印刷
书号	ISBN 978 – 7 – 5390 – 6981 – 4
定价	45.00 元

赣版权登字 –03 – 2019 – 290

前　言

机械 CAD 是计算机辅助设计技术（Computer Aided Design，简称 CAD）在机械工程领域的典型应用。广义的 CAD 是指采用电子计算机技术及相应软件开展产品设计工作。也有研究人员为了便于区分，将狭义的 CAD 定义为计算机辅助绘图或制图（Computer Aided Drafting/Drawing）。CAD 最显著的特征是替代了传统的手工画图板，将传统的纸质图纸转换为电子图纸。设计人员直接在计算机软件中完成产品设计、建模和绘图。

随着应用型本科高校机械工程类专业教育教学改革深入进行，以先进的多媒体手段配合教育教学信息化技术推进实施应用型教育教学改革。在机械工程类专业的工程图学、机械设计与制造和现代设计等知识体系中，CAD 技术及其应用技能是学生应用型能力培养的重要方面之一。CAD 软件的应用和掌握程度也表征了以工程设计能力为导向的应用型人才培养水平。机械 CAD 技术及其涉及的软件应用练习是一项基础的重要学习任务。

本书详细介绍了当前机械工程 CAD 领域较为通用的 AutoCAD、INVENTOR 和 SOLIDWORKS 三款软件及其功能特点，并结合经典案例介绍操作示例，练习步骤十分完整。读者或者学生可以参考操作步骤和图示，循序渐进，一步一步完成操作案例，从中熟悉软件基本功能和操作规则，并逐渐积累软件应用的经验和技巧。所述软件专业性强，均为当前流行的软件。本书所涉及内容从二维制图、三维建模到三维模型转二维绘图，涵盖内容广。

本书由萍乡学院机械电子工程学院田春来、张红钢和肖露露担任主编，其中田春来编写第二篇 18 万字，张红钢编写第三篇 12 万字，肖露露编写第一篇 6 万字。陈其灯、万超、罗嗣春、唐海伦、吴登凯、罗鹏和黄珂等参与了部分文字编写和校对工作。感谢萍乡学院矿山机械重点实验室提供的研究条件支持。感谢所有对本书出版给予支持和帮助的人们。

编者

2019 年 7 月于江西萍乡

目　录

第一篇　AutoCAD

第三篇　SOLIDWORKS

第一篇 AutoCAD

第一篇 AutoCAD

1 概述

1.1 计算机辅助绘图 CAD 简介

AutoCAD 软件是美国 Autodesk 公司于 1982 年推出的计算机辅助绘图软件。它是一个通用的交互式绘图软件工具。全世界已有上千多所大学和教育机构使用 AutoCAD 进行教学。世界上很多专业设计师(包括机械工程师、电气工程师、土木工程师和建筑工程师等)、设计单位的科研人员和各类产品研发及制造公司都在使用着 AutoCAD。随着产品推广和 CAD 技术的普及,用户规模不断扩大。该软件也日益受到我国广大用户的青睐,是当前工程设计、绘图及 CAD 相关应用中最通用的一种软件。

目前,Autodesk 公司已开放授权使用教育版软件。本教材以 AutoCAD 2018 教育版为例,简要介绍了 AutoCAD 软件的应用方法及部分 CAD 基础内容,重点介绍如何运用 AutoCAD 软件绘制工程图的方法,以培养运用 CAD 软件进行设计绘图的能力。由于篇幅有限,有关 AutoCAD 应用和 CAD 绘图方法的更加详尽讲解,还需查阅 AutoCAD 操作手册和工程制图有关参考书及行业标准。

1.2 AutoCAD 2018 总体功能概述

1.2.1 基本功能

(1)图形的创建与编辑

在软件中,用户可使用"直线""圆""矩形""多边形""多段线"等基本命令创建二维图形。待图形创建完成以后,用户可使用"偏移""复制""镜像""填充""修剪""阵列"等编辑命令,对二维图形进行编辑或修改。

对于二维图形,用户可通过拉伸、旋转、扫掠等命令操作将其转换为三维图形,通过布尔运算得到用户所需要的三维模型。此外,还可以将三维实体赋予光源和材质,通过渲染处理,就可以得到一张具有真实感的图像。

(2)图形的注释

图形的注释在绘图过程中是一个重要的环节。设计人员如何将设计的零件的结构尺寸、技术要求表达清楚,利于加工人员加工,注释在这一方面起到了至关重要的作用。Auto-CAD 软件提供了文字注释、尺寸标注以及表格等功能。

AutoCAD 的标注功能不仅提供了线性、半径和角度三种基本标注类型,还提供了引线标注、公差标注等,标注的对象既可以是二维图形,也可以是三维图形。

(3)图形的输入与输出

AutoCAD 不仅能将所绘制的图形以不同样式通过绘图仪或打印机输出,还能将不同格式的图形导入 AutoCAD 软件,或者将 CAD 以其他格式输出,大大地增强了 AutoCAD 的灵活性。此外,不同版本的 AutoCAD 软件之间具有较强的兼容性,高版本的 CAD 图形文件可以通过另存为低版本的 CAD 图形文件,也可以通过 Autodesk DWG TrueView 软件将高版本的 CAD 文件转换为低版本 CAD 文件。

(4)图形的显示控制

在 AutoCAD 中,用户可以通过多种方式放大或缩小图形,而对与三维图形来说,利用"缩放"功能可改变当前视口中的图形视觉尺寸,以便清晰地查看到图形的全部或者部分。在三维视图和布局空间中,用户可将绘图窗口划分为多个视口,在各个视口可以显示不同的视图方向或实体。

(5)互联网功能

利用 AutoCAD 强大的 Internet 工具,可以在网络上发布图形、访问和存取,为用户间共享资料和信息,同步进行设计、讨论、演示,获得外界消息等提供了极大的帮助。

电子传递功能可以把 AutoCAD 图形及相关文件进行打包或制成可执行文件,然后将其以单个数据包的形式传给客户和工作组成员。

AutoCAD 的超链接功能可以将图形对象与其他对象建立链接关系,此外,AutoCAD 提供了一种既安全又适于在网上发布的 DWF 文件格式,用户可以使用 Autodesk DWF Viewer 来查看或打印文件的图集,也可以查看 DWF 文件中包含的图层信息、图纸和图纸集特性、块信息和属性以及自定义特性等。

1.2.2 AutoCAD 2018 新功能

(1)新增对高分辨率监视器支持

光标、导航栏和 UCS 图标等用户界面元素可正确显示在高分辨率(4K)显示器上。

(2)"图层控制"选项卡移动至"快速访问工具栏"

"图层控制"选项现在是"快速访问工具栏"菜单的一部分。尽管该选项默认处于关闭状态,但可轻松将其设为与其他常用工具一同显示在"快速访问工具栏"中。

（3）新增屏外选择功能

在 AutoCAD 2018 中，可在图形的一部分中打开选择窗口，然后平移并缩放到其他部分，同时保留屏幕外对象选择。在任何情况下，屏幕外选择都可按预期运作。

（4）PDF 文件增强导入

使用 PDFIMPORT 命令可以将 PDF 数据作为二维几何图形、TrueType 文字和图像输入。AutoCAD 中 PDF 文件格式无法识别 AutoCAD SHX 字体，因此，当从图形创建 PDF 文件时，使用 SHX 字体定义的文字将作为几何图形存储在 PDF 中。

如果该 PDF 文件之后输入到 DWG 文件中，原始 SHX 文字将作为几何图形输入。Auto-CAD 2018 提供 SHX 文本识别工具，用于选择表示 SHX 文字的已输入 PDF 几何图形，并将其转换为文字对象。通过"插入"功能区选项卡上的"识别 SHX 文字"工具可以将 SHX 文字的几何对象转换成文字对象。

（5）合并文字

"合并文字"工具支持将多个单独的文字对象合并为一个多行文字对象。这对识别并从输入的 PDF 文件转换为 SHX 文字过程特别有帮助。

（6）外部参照功能增强

当外部文件附着到 AutoCAD 图形时，默认路径类型将被设置为相对路径，以方便用户操作。在先前版本的 AutoCAD 中，如果宿主图形未命名，则无法指定参照文件的相对路径。在 AutoCAD 2018 中，可指定外部参照文件的相对路径，即使宿主图形未命名也可以指定。在软件提示未找到的参照文件上单击鼠标右键时，"外部参照"选项板的上下文菜单将提供两种选项："选择新路径"和"查找和替换"。其中，"选择新路径"功能允许用户浏览到缺少的参照文件的新位置，然后提供可将相同的新位置应用到其他缺少的参照文件的选项。"查找和替换"功能可从选定的所有参照中找出使用指定路径的所有参照，并将该路径的所有匹配项替换为指定的新路径。如果在"外部参照"选项板中在已卸载的参照上单击鼠标右键，"打开"选项将不再被禁用，可以方便用户可以快速打开已卸载的参照文件。

1.3　AutoCAD 安装、启动与退出

目前 AutoCAD 2018 软件按 CPU 及操作系统可以分为 32 位版本和 64 位版本。32 位的计算机安装 64 位版本的 AutoCAD 软件，但 64 位操作系统计算机可以安装 32 位版本 Auto-CAD 软件。如要安装 AutoCAD 2018，首先应满足系统要求如表 1 - 1。

表 1 − 1 　AutoCAD 2018 的系统要求

项目	具体要求
操作系统	Microsoft Windows 7 SP1（32 位和 64 位） Microsoft Windows 8.1（含更新 KB2919355）（32 位和 64 位） Microsoft Windows 10（仅限 64 位）（建议 1607 及更高版本）
CPU 类型	32 位:1 千兆赫（GHz）或更高频率的 32 位（x86）处理器 64 位:1 千兆赫（GHz）或更高频率的 64 位（x64）处理器
内存	32 位:2 GB（建议使用 4 GB） 64 位:4 GB（建议使用 8 GB）
显示器分辨率	传统显示器:1360 x 768 真彩色显示器（建议使用 1920 x 1080） 高分辨率和 4K 显示器:在 Windows 10 64 位系统（配支持的显卡）上支持高达 3840 x 2160 的分辨率
显卡	支持 1360 x 768 分辨率、真彩色功能和 DirectX ® 9[1] 的 Windows 显示适配器。建议使用与 DirectX 11 兼容的显卡。支持的操作系统建议使用 DirectX 9
磁盘空间	安装需要 4.0 GB
浏览器	Windows Internet Explorer ® 11 或更高版本
网络	通过部署向导进行部署。 许可服务器以及运行依赖网络许可的应用程序的所有工作站都必须运行 TCP/IP 协议。 可以接受 Microsoft ® 或 Novell TCP/IP 协议堆栈。工作站上的主登录可以是 Netware 或 Windows。 除了应用程序支持的操作系统外，许可服务器还将在以下操作系统上运行:Windows Server ® 2012、Windows Server 2012 R2 和 Windows 2008 R2 Server Edition。Citrix ® XenApp™ 7.6、Citrix ® XenDesktop™ 7.6。
指针设备	Microsoft 鼠标兼容的指针设备
数字化仪	支持 WINTAB
介质	通过下载安装或通过 DVD 安装
工具动画演示媒体播放器	媒体播放器 Adobe Flash Player v10 或更高版本
. NET Framework	. NET Framework 版本 4.6
关于大型数据集、点云和三维建模的其他要求	
内存	8 GB 或更大 RAM

续表

项目	具体要求
磁盘空间	6 GB 可用硬盘空间(不包括安装所需的空间)
显卡	1920 x 1080 或更高的真彩色视频显示适配器,128 MB 或更大 VRAM,Pixel Shader 3.0 或更高版本,支持 Direct3D ®的工作站级显卡

注:如果要处理大型数据集、点云和三维建模,则使用 64 位操作系统;如果要使用模型文档或点云,则必须使用 64 位操作系统。

1.3.1　安装

将 AutoCAD 安装光盘放到光驱内或使用虚拟光驱软件加载安装镜像文件即可打开软件安装程序包。如图 1 - 1 所示。双击"setup. exe"安装文件(部分操作系统需要操作系统管理员授权安装),启动系统安装初始化界面。

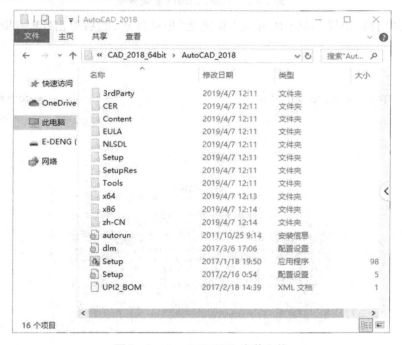

图 1 - 1　AutoCAD 2018 安装文件

在打开的安装界面中,单击"安装"按钮,如图 1 - 2 所示。

图 1 - 2　AutoCAD2018 安装界面

　　在打开的"许可协议"界面中,单击"我接受"单选按钮,然后单击"下一步"按钮,如图 1 - 3所示。

图 1 - 3　"许可协议"界面

　　在打开的"配置安装"界面中,配置用户自己所需要的组件,单击"安装"按钮,Auto-CAD2018 开始安装。如图 1 - 4 所示。

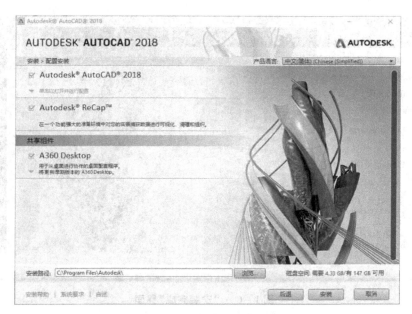

图1-4 "配置安装"界面

在"安装进度"界面,显示系统正在安装,如图1-5所示。

图1-5 "安装进度"界面

安装在完成后,在"安装完成"界面中单击"完成"按钮即可,如图1-6所示。

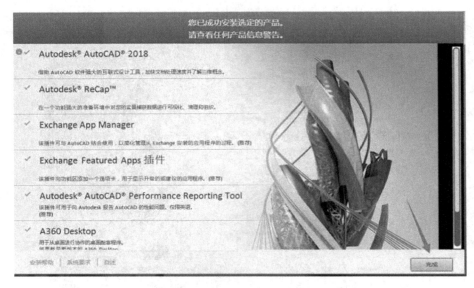

图 1 - 6   "安装完成"界面

1.3.2   启动

安装完成 AutoCAD 2018 软件以后,系统桌面会显示 AutoCAD2018 软件图标,双击即可启动,用户也可在"开始"菜单 – "所有程序" – "Autodesk"文件夹 – "AutoCAD2018 – 简体中文"中启动。如图 1 – 7 所示。

图 1 - 7   AutoCAD2018 启动方式

首次启动 AutoCAD 2018 软件时，系统自动打开创建界面，在该界面中，用户可以新建文件，以及对软件进行简单的了解。单击"开始绘制"按钮，即可进入 AutoCAD 2018 工作界面，如图 1-8 所示。

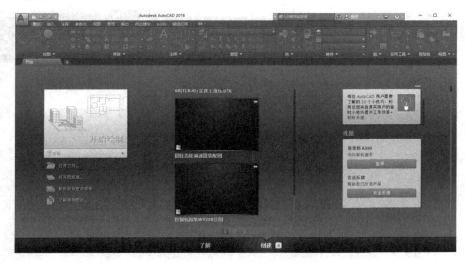

图 1-8 "快速入门"界面

1.3.3 退 出

退出软件的方法有三种，下面将分别进行介绍。

（1）单击关闭按钮退出

在 AutoCAD 2018 软件运行的状态下，单击界面右上角"关闭"按钮即可，如图 1-9 所示。

图 1-9 单击"关闭"按钮

（2）使用文件菜单命令退出

在软件主界面中，执行"文件" - "退出 Autodesk AutoCAD 2018"命令即可退出。如图 1 - 10所示。

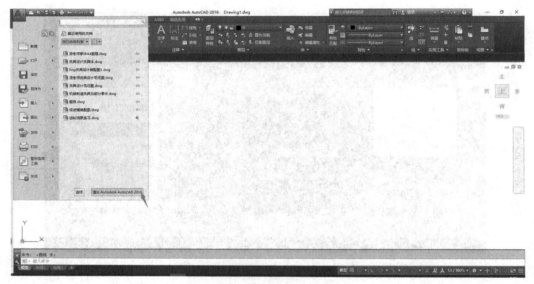

图 1 - 10　使用"文件"菜单命令

（3）使用命令行退出

在 AutoCAD2018 命令行中输入"QUIT"后，按下回车键即可退出软件，如图 1 - 11 所示。

图 1 - 11　使用命令行退出

2　AutoCAD 基本概念

2.1　坐标系统

AutoCAD 软件采用笛卡尔（直角）坐标系统（世界坐标系），称"通用坐标系"，以"WCS"表示。其中，X 表示屏幕水平坐标，Y 表示屏幕垂直坐标，原点（0,0）位于屏幕左下角，Z 坐标垂直于屏幕平面。

用户还可定义一个任意的坐标系，称"用户坐标系"，以"UCS"表示，其原点可在"WCS"内的任意位置上，其坐标轴可随用户的选择任意旋转和倾斜。定义用户坐标系用"UCS"命令。

2.2　单位

两个坐标点之间的距离以绘图单位来度量，它本身量纲为 1。用户的图形绘制可取任何长度单位，如选用 mm、in、m 或 km 等（一般按照国家标准选择 mm 为单位）。在作图时可定义比例因子，以使图形按需要的单位输出。

2.3　窗口

窗口规定为一个矩形区域，可将图形屏幕作为窗口使用。通过窗口可看到图形的全部或一部分，并能做任意的缩放和平移等变换。可以使用"ZOOM"命令对窗口进行操作。

2.4　工作空间

工作空间是用户在绘制图形时使用的各种工具和功能面板的集合。用户在使用软件时应首先根据需要选择相应的工作空间，以便对应选择软件功能并提高软件使用效率。

AutoCAD 2018 软件提供了三种工作空间，分别为"草图注释""三维基础"和"三维建模"。其中"草图注释"为默认的工作空间，下面分别对这三种工作空间进行介绍。

2.4.1 草图与注释

该工作空间见主要用于绘制二维工程图,是最常用的工作空间。在该工作空间中,系统提供了常用的绘图工具、图层、图形修改等各种功能面板,如图 2 – 1 所示。

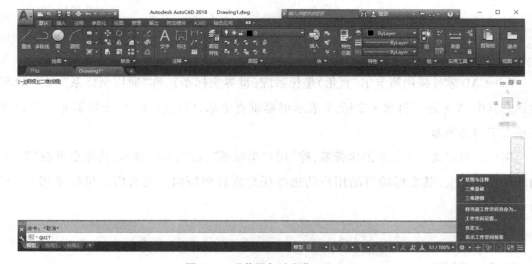

图 2 – 1 "草图与注释"工作空间

2.4.2 三维基础

该工作空间只限于绘制三维模型。用户可运用系统提供的建模、编辑、渲染等命令,创建出三维模型,如图 2 – 2 所示。

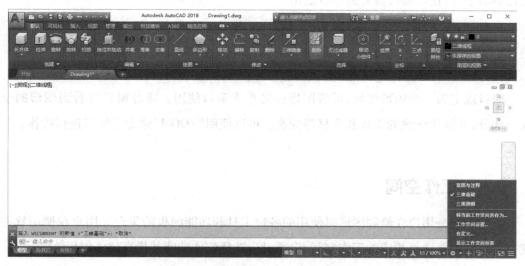

图 2 – 2 "三维基础"工作空间

2.4.3　三维建模

该工作空间与"三维基础"相似,但添加了"网格"与"曲面"建模等功能。如图 2 - 3 所示。

图 2 - 3　"三维建模"工作空间

2.5　常用快捷键

AutoCAD 软件除了支持 Windows 操作系统已经定义的快捷键外,软件本身也设定了大量的软件专用的组合快捷键,下面介绍一些绘图中常用的快捷键,如表 2 -1 所示。

表 2 - 1　AutoCAD 2018 常用快捷键一览表

快捷键	用途	快捷键	用途
F1	显示帮助	ESC	取消当前选择或命令
F2	展开"命令行"历史记录	CTRL + 0	切换"全屏显示"
F3	切换 OSNAP	CTRL + A	选择图形中未锁定或冻结的所有对象
F4	切换 3DOSNAP	CTRL + C	将对象复制到 Windows 剪贴板
F5	切换 ISOPLANE	CTRL + J	重复上一个命令
F6	切换 UCSDETECT	CTRL + SHIFT + L	选择以前选定的对象
F7	切换 GRIDMODE	CTRL + M	重复上一个命令
F8	切换 ORTHOMODE	CTRL + N	创建新图形
F9	切换 SNAPMODE	CTRL + O	打开现有图形

续表

快捷键	用途	快捷键	用途
F10	切换"极轴追踪"	CTRL + P	打印当前图形
F11	切换对象捕捉追踪	CTRL + S	保存当前图形
F12	切换"动态输入"	CTRL + SHIFT + S	显示"另存为"对话框
Shift + F1	子对象选择（未过滤）	CTRL + V	粘贴 Windows 剪贴板中的数据
Shift + F2	子对象选择（受限于顶点）	CTRL + X	将对象从当前图形剪切到剪贴板中
Shift + F3	子对象选择（受限于边）	CTRL + Y	取消前面的"放弃"动作
Shift + F4	子对象选择（受限于面）	CTRL + Z	恢复上一个动作
Shift + F5	子对象选择（受限于对象的实体历史记录）	CTRL + TAB	移动到下一个文件选项卡

注：如需了解更多的快捷键请查阅软件自带帮助文件。

3 AutoCAD 2018 工作界面

3.1 基本工作界面

从 AutoCAD 2015 软件版本开始,AutoCAD 软件工作界面大致相似。软件界面基本遵循 Windows Application 界面开发模式。

主界面左上角为应用程序菜单,通过应用程序菜单可进行文件管理、图形发布以及选项设置。左上方是快速访问工具栏,该工具栏放置了一些常用命令的快捷图标,例如"新建""打开""保存""打印"及"撤回"等。窗口的最上方为标题栏,标题栏左侧依次为"应用程序菜单""快速访问工具栏";标题栏中间为当前运行程序的名称以及文件名信息;右侧依次显示的是"搜索""登陆""交换""保持连接""帮助"以及窗口控制按钮。如图 3 - 1 所示。

图 3 - 1　快速访问工具栏

标题栏的下方是 AutoCAD 软件的功能区,它包含了绘图中所有的命令。包括"默认""插入""注释""参数化""视图""管理""输出""附加模块""A360""精选应用"以及"最小化面板"按钮。如图 3 - 2 所示。

图 3 - 2　功能区面板

图形选项卡位于标题栏的下方。单击鼠标右键,在打开的快捷菜单中,选择相关选项即可操作,若想扩大绘图区域,可关闭功能区和图形选项卡,单击三次功能区中的最小化按钮 ▢ ▾ 。

绘图区是用户主要的工作区域,所有图形绘制的操作都是在该区域完成。该区域位于功能区下方,命令行上方。绘图区的下面为用户坐标系(UCS),左上方则显示当前视图的名称以及显示模式,而在右侧则是当前视图三维视口及窗口控制按钮,如图 3 - 3 所示。

图 3 - 3 "绘图"界面

命令行悬浮在绘图区域下方,可通过设置来控制它的可见性以及透明度。如图 3 - 4 所示。

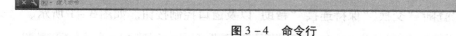

图 3 - 4 命令行

状态栏在命令行下方显示,它用来显示当前用户的工作状态以及控制绘图辅助工具的开关,左端依次是"模型"以及"布局"(图形空间)选项卡,右边是一系列绘图辅助按钮。

分别为"模型或图纸空间""图形栅格""捕捉模式""正交模式""极轴追踪""等轴测草图""对象追踪""对象捕捉""显示注释对象""注释比例""当前注释比例""切换工作空间""注释监视器""隔离对象""硬件加速""全屏显示""自定义"。如图 3 -5 所示。

图 3 - 5 "状态栏"工具

3.2 绘图辅助功能

状态栏主要用于辅助用户绘制图形,用户应注意合理有效地利用这些辅助功能,能够轻松快捷的绘制出精确的图形。用户可以通过自定义状态栏中各个辅助功能参数来提高绘图质量以及速度,下面简要介绍几个常用图形辅助功能。

3.2.1 捕捉模式

使用捕捉工具,用户可以创建一个类似坐标纸网格之类的"栅格",使用它可以捕捉光标,并约束光标只能定位在某一个栅格点上,用户可以通过数值的方式确定栅格距离间距。在状态栏中,单击"捕捉模式"和"栅格显示"即可启动,如图 3 -6 所示。

图 3 - 6 "捕捉和栅格"选项卡

"捕捉和栅格"选项卡内容较多,针对其中几项常用的选项卡说明如下:

(1)启动捕捉

勾选该复选框,可启用捕捉功能;取消勾选,则会关闭该功能。该功能对应快捷键 F9。

(2)捕捉间距

在该选区中,用户可设置捕捉间距值,以限制光标仅在指定 X 轴和 Y 轴之间移动。其输入的数值应为正实数。勾选"X 轴间距和 Y 轴间距相等"复选框,则表明使用同一个 X 轴 Y 轴间距值,取消勾选则表明使用不同间距值。

(3)极轴间距

用于控制极轴捕捉增量距离。该选项只能在启动"极轴捕捉"功能才可用。

(4)捕捉类型

用于确定捕捉类型。选择"栅格捕捉"选项时,光标将沿着垂直和水平栅格点进行捕捉;选择"矩形捕捉"选项时,光标将捕捉矩形栅格;选择"等轴测捕捉"选项时,光标则捕捉等轴测栅格。

(5)启动栅格

勾选该复选框,可启动栅格功能。反之,则关闭该功能。

(6)栅格间距

用于设置栅格在水平与垂直方向的间距,其方法与"捕捉间距"相似。

（7）每条主线之间的栅格数

用于指定主栅格线与次栅格线的方格数。注意不要太密或太疏，一般选择适用即可。

（8）栅格行为

用于控制当 VSCURRENT 系统变量设置为除二维线框之外的任何视觉样式时，所显示栅格线的外观。

3.2.2　正交模式

在绘制图形时，经常需要绘制水平线或垂直线。此时则需使用正交功能，可以显著提高绘图效率。在状态栏中，单击"正交模式"按钮，即可启动该功能，用户也可按 F8 快捷键来启动。

3.2.3　极轴追踪

"极轴追踪"功能可在系统要求指定一点时，按事先设置的角度增量显示一条无限延伸的辅助线，用户可沿辅助线追踪到指定点，方便用户选择。

在状态栏中右击"极轴追踪"选项卡，设置其相关参数即可，通常将增量角设置为30°，附加角可以设置成45°，135°，225°和315°，对应对角线位置。如图 3－7 所示。

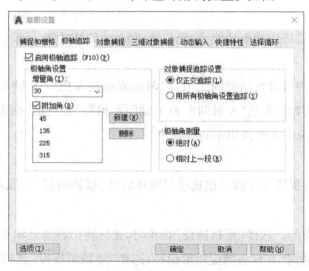

图 3－7　"极轴追踪"选项卡

"极轴追踪"选项卡中常用选项说明如下：

（1）启用极轴追踪

用于启动或关闭极轴追踪功能，对应快捷键 F10。

（2）极轴角设置

该选项组用于设置极轴追踪的对齐角度；"增量角"用于设置显示极轴追踪对齐路径的极轴角增量，在此可输入任何角度，也可在其下拉列表中选择所需角度；"附加角"则是对极轴追踪使用列表中的任何一种附加角。

（3）对象捕捉追踪设置

该选项组用于设置对象捕捉追踪选项。单击"仅正交追踪"单选按钮，则启用对象捕捉追踪时，将显示获取对象捕捉点的正交对象捕捉追踪路径；若单击"用所有极轴角设置追踪"单选按钮，则在启用对象追踪时，将从对象捕捉点起沿着极轴对齐角度进行追踪。

（4）极轴角测量

该选项组用于设置极轴追踪对齐角度的测量基准。单击"绝对"单选按钮，可基于当前用户坐标系确定极轴追踪角度；单击"相对上一段"单选按钮，则可基于最后绘制的线段确定极轴追踪角度。

3.2.4 对象捕捉

"对象捕捉"功能是绘制图形必不可少的辅助工具之一。通过对象捕捉功能，能够快速定位图形重点、垂点、断点、圆心、切点和象限点等。

右击状态栏的"对象捕捉"按钮，在右键菜单中选择"设置"选项，可以打开"草图设置"对话框，切换到"对象捕捉"选项卡，从中勾选所需捕捉功能即可启动，如图 3-8 所示。对象捕捉选项卡涉及的各功能介绍如表 3-1 所示。

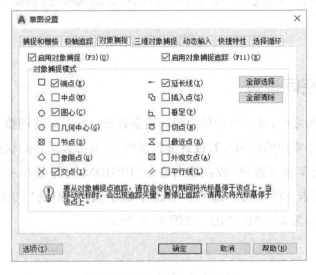

图 3-8 "对象捕捉"选项卡

表 3 - 1   对象捕捉各功能介绍

名称	对应功能
端点捕捉	捕捉到线段等对象的端点
中点捕捉	捕捉到线段等对象的中点
圆心捕捉	捕捉到圆或圆弧的圆心
节点捕捉	捕捉到线段等对象的节点
象限点捕捉	捕捉到圆或圆弧的象限点
交点捕捉	捕捉到各对象之间的交点
延长线捕捉	捕捉到直线或圆弧的延长线上的点
插入点捕捉	捕捉块、图形、文字或属性的插入点
垂足捕捉	捕捉到垂直于线或圆上的点
切点捕捉	捕捉到圆或圆弧上的切点
最近点捕捉	捕捉拾取点最近的线段、圆、圆弧或点等对象上的点
外观交点捕捉	捕捉两个对象的外观的交点
平行线捕捉	捕捉到与指定线平行的线上的点

3.2.5   动态输入

"动态输入"功能是指在执行某项命令时,光标右侧显示的一个输入框界面,它可帮助用户完成图形绘制,该命令界面可根据光标的移动而动态更新。

在状态栏中,单击"动态输入"按钮,即可启用动态输入功能,相反,再次单击该按钮,则关闭此功能。

3.3   工作空间设置

用户在开始绘图之前,还需对全局绘图环境参数做一些简单的调整,以便加快用户的绘图速度。下面就几个常用的绘图参数设置进行讲解,更多参数请查阅软件帮助。

单击"应用程序菜单 > 选项"或者输入命令"OPTIONS",即可进入软件选项设置窗口,切换至"显示"选项卡,在"显示"选项卡中,将"显示精度"中的"圆弧和圆的平滑度"值10000,十字光标大小为25,单击应用。如图 3 - 9 所示。

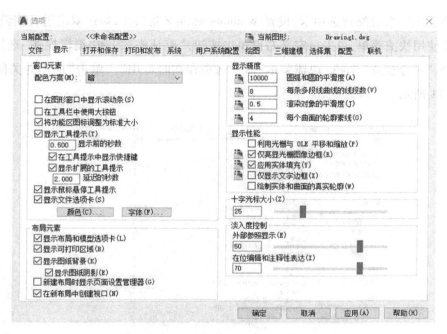

图 3 – 9 "显示"选项卡设置

切换至"打开和保持"选项卡,设置文件保存选项另存为 AutoCAD 2007/LT2007 图形(∗dwg)。单击应用。如图 3 – 10 所示。

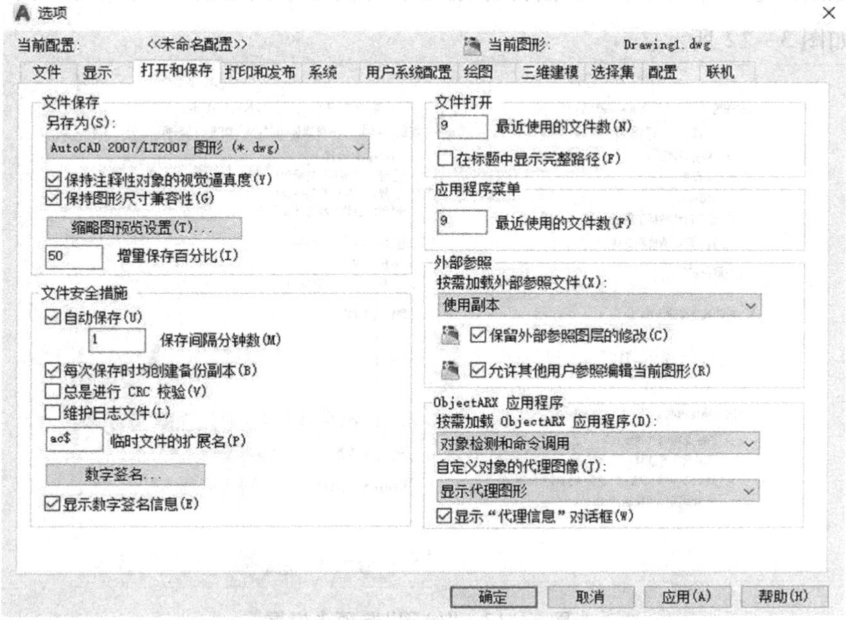

图 3 – 10 "打开和保存"选项卡设置

切换至用户系统配置选项卡,设置 Windows 标准交互操作,勾选双击进行编辑,勾选绘图区域中使用快捷菜单,单击自定义右键单击按钮,"默认模式"和"编辑模式"选择重复上一个命令,"命令模式"选择"快捷菜单:命令选项存在时可用"。单击"应用并关闭"按钮。如图 3-11 所示。

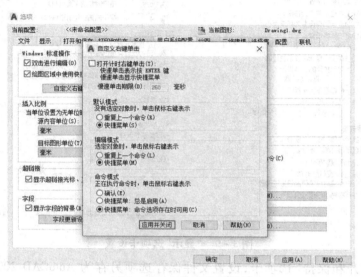

图 3-11　自定义右键菜单

切换至绘图选项卡,条件自动捕捉标记大小滑块至中间位置,调节靶框大小至最大,单击应用。如图 3-12 所示。

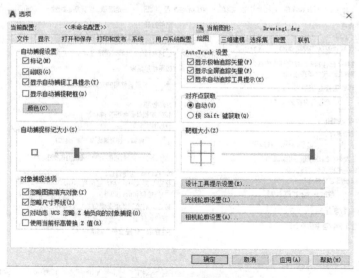

图 3-12　"绘图"选项卡设置

切换至选择集选项卡,调节拾取框大小滑块至中间位置,调节夹点尺寸至合适位置,单击应用,单击确定。如图 3－13 所示。

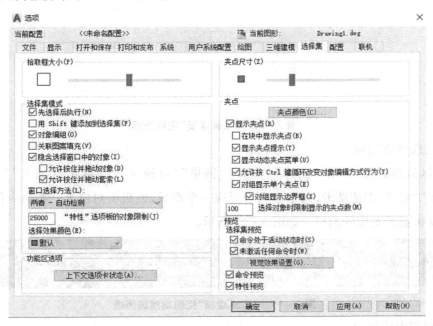

图 3－13 "选择集"选项卡设置

3.4 三维建模工作界面

AutoCAD 软件不仅能够绘制二维图形,还可以应用三维建模命令绘制出三维模型。绘制三维图形最基本的要素为空间立体坐标(三维坐标)和三维视图。通常在创建实体模型时,需使用三维坐标设置功能。在查看模型各个角度造型是否完善时,需要使用三维视图功能。

状态栏上的"切换工作空间按钮",选择"三维建模"选项,就能从而二维工作空间切换至三维建模空间。三维建模空间集中了绘制与修改三维模型的全部命令,同时也包含了常用的二维图形绘制与标记命令。下面主要介绍三维建模空间与"草图与注释"空间的不同之处

(1)光标

光标显示为三维图标,而且默认显示在当前坐标系的坐标原点位置,如图 3－14 所示。

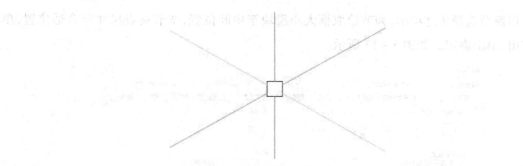

图 3 - 14 "三维建模"空间光标

（2）功能区选项板

功能区选项板有"常用""实体""曲面""网格""可视化""参数化""插入""注释""视图""管理""输出"等选项卡，每个选项卡对应一个面板，面板中对应了一些命令按钮，单击选项卡，即可显示对应的面板。如图 3 - 15 所示。

图 3 - 15 "三维建模"空间功能区面板

（3）视图方位显示

视图方位显示是一个三维导航工具，利用它可以方便地将视图按不同的方位显示。如图 3 - 16 所示。

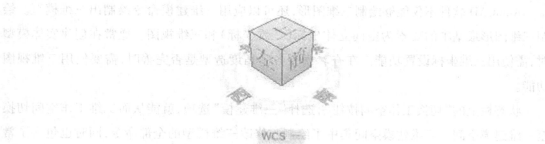

图 3 - 16 三维导航工具

4 AutoCAD 绘图基础

4.1 常用的基本命令及输入方式

4.1.1 基本绘图命令

AutoCAD 常用的绘图命令如表 4-1 所示。

表 4-1 AutoCAD 常用的绘图命令

命 令 名	功 能
LINE	画直线命令
CIRCLE	画整圆命令
ARC	画圆弧命令
PLINE	画多段线命令
POINT	画点命令
DDPTYPE	设置点的大小和样式命令
ELLIPSE	画椭圆命令
POLYGON	画正多边形命令
SOLID	画实心体命令
TRACE	画加宽线命令
BHATCH	画剖面线命令
TEXT	单行文本命令
MTEXT	多行文本命令
STYLE	文字样式命令

4.1.2 基本编辑命令

AutoCAD 常用的编辑命令如表 4-2。

表 4-2 AutoCAD 常用的编辑命令

命 令 名	功 能
ERASE	删除画好的部分或全部图形

续表

命 令 名	功　能
OOPS	恢复前一次删除的图形
MOVE	将选定图形位移
COPY	复制选定图形
ROTATE	旋转选定图形
MIRROR	画出与原图对称的镜像图形
SCALE	将图形按给定比例放大或缩小
STRETCH	将图形选定部分进行拉伸或变形
EXTEND	将直线或弧线延伸到指定边界
ARRAY	将指定图形复制成矩形或环形阵列
CHANGE	修改某些图形的某些特性
TRIM	对图形进行剪切,去掉多余部分
BREAK	将直线或圆、圆弧断开
FILLET	按给定半径对图形进行倒圆角
CHAMFER	对不平行的两直线倒斜角
PEDIT	编辑多段线
EXPLODE	将复杂实体部分分解成单一试题
U	取消刚执行过的命令
UNDO	取消一个或多个刚做过的命令
REDO	取消刚执行过的"U"或"UNDO"命令

　　需要注意的是,为了提高用户的绘图速度,AutoCAD 还支持使用命令的缩写来进行绘图,例如用户可以输入"L"和"C",用来绘制直线和圆,关于其他命令的缩写,用户可以搜索相关文献获取。

4.1.3　命令输入方式

(1)一般命令

从下拉菜单中选取。即用鼠标、快捷键、热键等方式从相应的下拉菜单中选取要输入的命令。

从工具栏中选取。即用鼠标在相应工具栏上单击代表相应命令的图标按钮。

从命令行中键入。即用键盘在命令行中输入相应的英文命令,并按回车键或空格键。

需要特别说明的是,在 AutoCAD 中空格键与回车键具有等同的功能。

(2)透明命令

AutoCAD 可以在不中断某一命令执行的状态下插入执行另一条命令,这种可以在其他命令执行过程中插入执行的命令称为透明命令。例如,使用 LINE 命令绘制一条折线到一半时,可以使用 ZOOM 命令来缩放对象用以观察,观察完毕退出 ZOOM 后,可继续执行 LINE 命令。常用的辅助绘图工具命令一般都是透明命令。透明命令在用键盘输入时须在命令前加单引号(')。透明命令应用较少。后面介绍的命令,若无特殊说明均指一般命令。

4.2 图层的概念及设置

在 AutoCAD 中绘制的对象都具有图层、线型和颜色三个基本特征。图层是 AutoCAD 软件中的重要概念之一。应用图层可以方便快捷地对一类相似绘图对象进行统一管理,包括删除、隐藏和修改属性等。AutoCAD 软件允许用户建立和选用不同的图层来进行绘图,也允许选用不同的线型和颜色绘图。对图层的主要操作在"图层特性管理器"对话框中进行。执行 Layer 命令("默认"选项卡 – "图层"面板 – "图层特性"),即可打开"图层特性管理器"对话框,如图 4 – 1 所示。

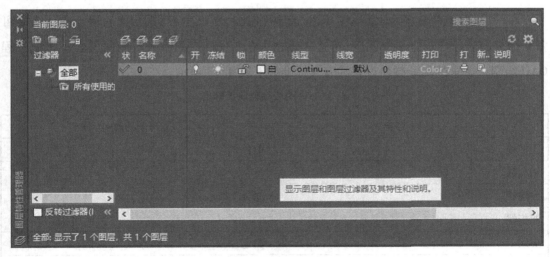

图 4 – 1 图层管理器

4.2.1 设置线型

执行"LINETYPE"命令("默认"选项卡 > "注释"面板 > "线型"),打开"线型管理器"对话框,如图 4 – 2 所示。可以在对话框中加载线型或者调整线型比例。需要注意的是,这样的修改将作用在该图层中所有对象中。

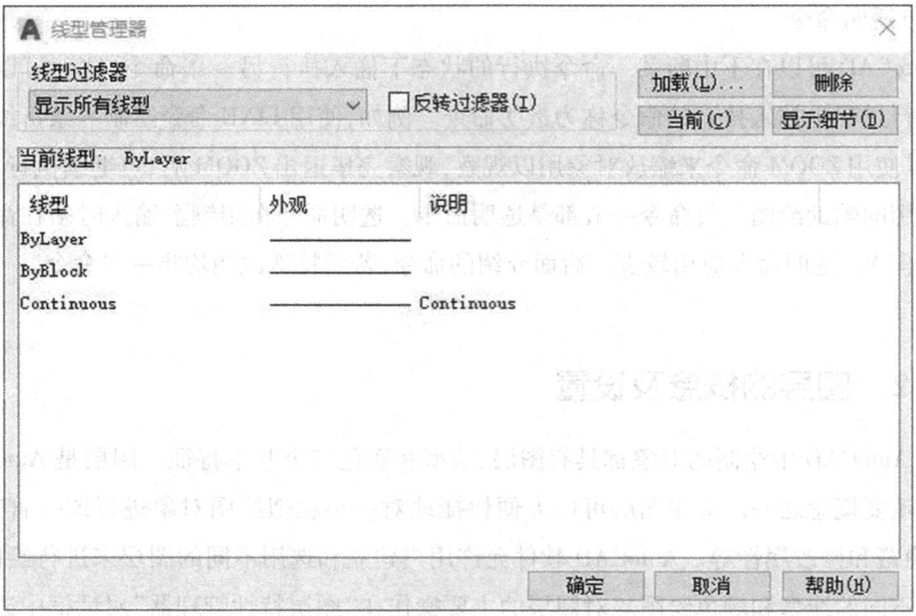

图 4 – 2　线型管理器

4.2.2　创建图层

在"图层特性管理器"对话框中单击"新建"按钮,默认生成"图层 1",输入图层名即可重新命名图层。要创建多个图层,可连续点击"新建"按钮,并输入新的图层名。机械工程 CAD 绘图中要求的图线颜色设置的有关标准如下表 4 – 3 所示。

表 4 – 3　图线颜色设置标准

图线类型	屏幕上的颜色
粗实线	白色
细实线	绿色
波浪线	
双折线	
虚线	黄色
细点画线	红色
粗点画线	棕色
双点画线	粉红色

机械工程 CAD 绘图中要求的图线线宽度设置的有关标准如下表 4 – 4 所示。

表4-4 图线宽度设置标准

组别	1	2	3	4	5	用途
	2.0	1.4	1.0	0.7	0.5	粗实线、粗点画线
	1.0	0.7	0.5	0.35	0.25	粗实线、波浪线、双折线、虚线、细点画线、双点画线

注:一般优先采用第4组。

4.2.3 图层状态设置

在"图层特性管理器"对话框或从"对象特性"工具栏的"图层控制"对话框中,可对新建创建图层的各种状态进行设置。图层的状态包括当前、关闭(打开)、冻结(解冻)和锁定(解锁)等特性。机械工程 CAD 绘图中的图层设置规则有关标准如表4-5所示。

表4-5 图层设置标准

层 号	描 述
01	粗实线、剖切面的粗剖切线
02	细实线、细波浪线、细双折线
03	粗虚线
04	细虚线
05	细点画线、剖切面的剖切线
06	粗点画线
07	细双点画线
08	尺寸线、投影连线、尺寸终端与符号细实线
09	参考圆,包括引出线和终端(如箭头)
10	剖面符号
11	文本、细实线
12	尺寸值和公差
13	文本、粗实线
14,15,16	用户自选

4.3 文字样式

执行 STYLT 命令("默认"选项卡 > "注释"面板 > "文字样式"),可以打开"文字样式"对话框,如图4-3所示。使用对话框设置文字样式和字体。

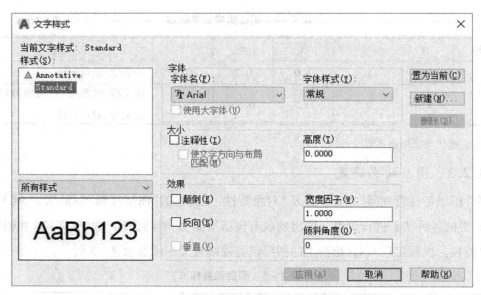

图 4 - 3   文字样式管理器

机械工程 CAD 绘图中规定的文字字高如表 4 - 6 所示。

表 4 - 6   字高标准

图幅 字体	A0	A1	A2	A3	A4
字母数字			3.5		
汉字			5		

机械工程 CAD 绘图中规定参考的中文字字体有关标准如表 4 - 7 所示。

表 4 - 7   字体标准

汉字字型	国家标准号	字体文件名	应用范围
长仿宋体	GB/T 13362.4 ~ 13362.5 - 1999	HZCF. *	图中标注及说明的汉字、标题栏
单线仿宋	GB/T 13844 - 1992	HZDX. *	大标题、小标题、图册、封面、目录清单、标题栏中设计单位名称、图样名称、工程名称、地形图等
宋体	GB/T 13845 - 1992	HZST. *	
仿宋体	GB/T 13846 - 1992	HZFS. *	
楷体	GB/T 13847 - 1992	HZKT. *	
黑体	GB/T 13848 - 1992	HZHT. *	

4.4   尺寸标注

工程图样中图形的主要作用是表达物体的形状,物体各部分的真实大小和它们之间的相对位置只能通过尺寸确定,因此,尺寸标注是工程图样的重要组成部分。

4.4.1 尺寸样式

执行 DIMSTYLE 命令("常用"选项卡 > "注释"面板 > "标注样式"),弹出"标注样式管理器"对话框,如图4-4所示。在尺寸样式对话框中可创建、编辑和修改标注样式。

图4-4 标注样式管理器

4.4.2 常用尺寸标注类型

AutoCAD 常用的尺寸标注命令如表4-8所示。

表4-8 尺寸标注命令

命令名	功能
DIMLINEAR	线性标注
DIMALIGNED	对齐标注
DIMBASELINE	基线标注
DIMCONTINUE	连续标注
DIMANGULAR	标注角度尺寸
DIMDIAMETER	标注直径
DIMRADIUS	标注半径
QLEADER	引线标注
DIMORDINATE	坐标标注
TOLERANCE	标注形位公差

4.4.3　编辑尺寸标注

编辑尺寸标注包括修改尺寸的标注样式,改变尺寸文本的位置、数值、属性等。常用方法有以下几种:

1)利用夹点编辑尺寸。利用夹点编辑尺寸,可以改变尺寸线和尺寸文本的位置。

2)利用"标注"工具栏按钮编辑尺寸。利用该工具栏中的"编辑标注""编辑标注文字"和"标注样式"按钮,可以修改尺寸文本数值、位置以及尺寸的标注样式。

3)利用"特性"对话框编辑尺寸。利用该对话框,可以修改尺寸的颜色、图层、线型、尺寸文本数值、标注样式等。

4.5　块及块操作

块是绘制在多个图层上的不同颜色、线型和线宽特性的对象的组合,是 AutoCAD 为用户提供的管理对象的重要功能之一。块是一个单一的对象,通过拾取块中的任一条线段,就可以对块进行编辑。使用块对象进行绘图,可以方便地对一组对象进行绘制及编辑修改,特别适合用于相似图形文本对象的操作。

AutoCAD 中常用的块操作命令如表 4 - 9 所示。

表 4 - 9　常用块命令

命 令 名	功　　能
BLOCK	将所选图形定义成块
WBLOCK	将指定对象或已定义过的块存储为图形文件
INSERT	将块或图形插入当前图形中
ATTDEF	定义块属性
ATTEDIT	更改属性特性
BATTMAN	管理当前图形中块的属性定义

4.6　布局空间的设置及打印

在 AutoCAD 软件中,布局空间又叫作图纸空间,主要用于输出图纸。用户在模型空间绘制完图形以后,需要将图形打印形成图样。使用布局空间可以方便地设置打印设备、纸张、比例尺、图样布局,并可以预览实际出图的效果。

布局空间对应的窗口叫作布局窗口,可以在同一个 CAD 文件中创建多个不同的布局图,单击工作区左下角的各个布局按钮,可以从模型窗口切换到各个布局窗口,当需要将多个视图放在同一张图样上输出时,通过布局就可以很方便地控制图形的位置,输出比例等参数。

4.6.1 设置布局空间

切换至"布局1"选项卡时,AutoCAD 2018 软件会自动弹出页面设置管理器对话框,如图4-5所示。

图4-5 页面管理器

选择窗口中的"布局1"选项,单击修改后可以弹出页面设置对话框,如图4-6所示。在此设置打印机为"DWG To PDF.pc3"。使用该打印设置,可以对打印输出图纸为 PDF 文件进行设置。

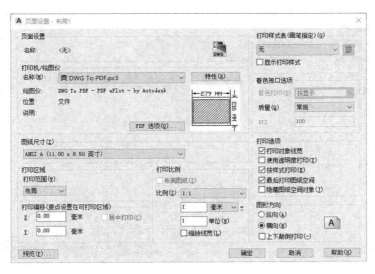

图4-6 页面设置界面

单击特性按钮,弹出绘图仪配置编辑器对话框,如图4-7所示,选择用户定义图纸尺寸与校准下的自定义图纸尺寸选项。

图4-7 绘图仪配置编辑器页面

单击对话框下部的添加按钮,弹出"自定义图纸尺寸-开始"对话框,如图4-8所示。继续操作,并选择创建新图纸。

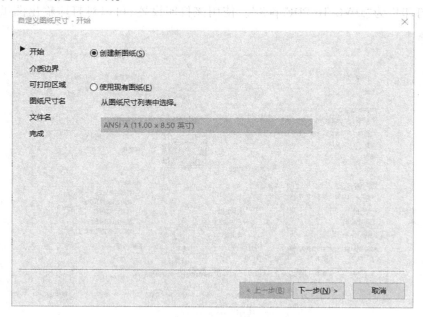

图4-8 自定义图纸尺寸对话框

单击下一步,设置单位为毫米,设置宽度为297,高度为210,如图4-9所示。

图4-9　设置介质边界

单击下一步,可打印区域全部设置为0。注意,此时设置的数值0为页面边界,具体可以参考对话框文本提示说明,如图4-10所示。

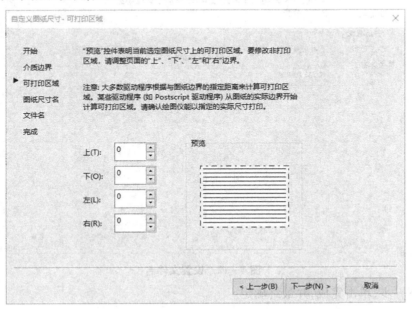

图4-10　设置可打印区域

单击下一步,图纸尺寸名设置为A4-横向,如图4-11。

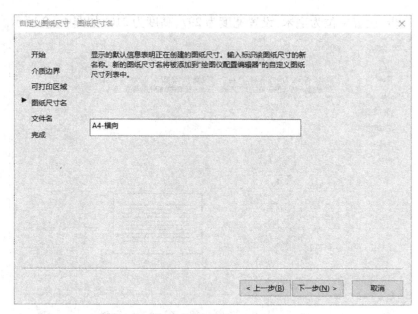

图 4 - 11　设置图纸尺寸名

单击下一步,文件名默认即可。至此完成定义了一类 A4 图幅横向的图纸,如图 4 - 12。

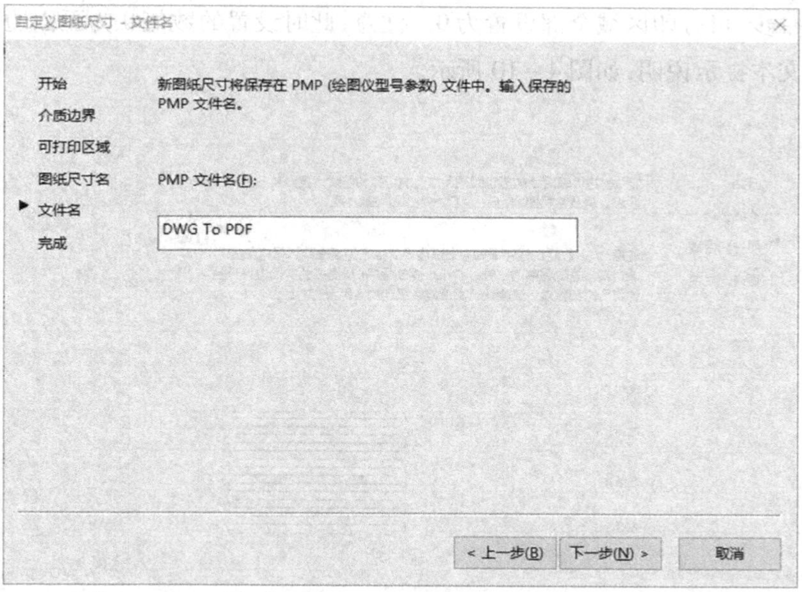

图 4 - 12　设置文件名

单击下一步,单击完成,并最终确定。

下拉图纸尺寸卡,选择刚刚定义的图纸尺寸(默认出现在下拉列表的第一栏),选择打印样式表为"monochrom. ctb",单击确定,单击关闭,如图 4 - 13。

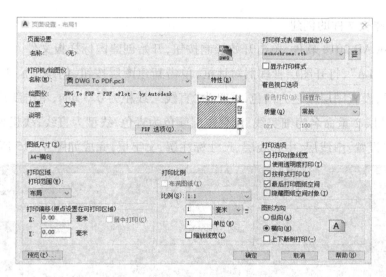

图4-13　最终打印设置

4.6.2　打印输出图纸

首先,输入命令"MVIEW",直接按下回车键,可以默认创建一个布满图纸的视口。接着,双击布局空间,进入视口,单击视图比例按钮,选择按图纸缩放,图形将自动布满图纸,单击视口锁定,这时图形在视口内无法移动。然后,按下组合键 CTRL + P,选择继续打印单张图纸,单击预览按钮,确认图纸无误后,单击打印按钮。最后,选择存储位置后,就可以将图纸打印输出为 PDF 文件。

4.6.3　操作示例

按照国家标准设置 A4 国标样板文件,并绘制如图 4-14 所示的二维图形。

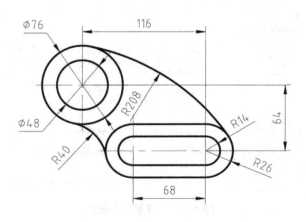

图4-14　绘制平面图形

（1）国标样板文件的创建

启动 AutoCAD 2018 软件，单击开始绘制按钮，开始创建国标样板文件。

输入命令"LA"，打开图层管理器对话框，单击新建图层按钮，创建图层 1。将图层 1 重命名为粗实线，设置图层颜色为白色，线型为"直线"，线粗为 0.5 mm；单击新建图层按钮，创建图层 2，将图层 2 重命名为细实线，设置图层颜色为青色，线型为直线，线粗为 0.25 mm；依此按上述方式设置：虚线层、中心线层、尺寸标注层、文字层，完成如图 4－15 所示。

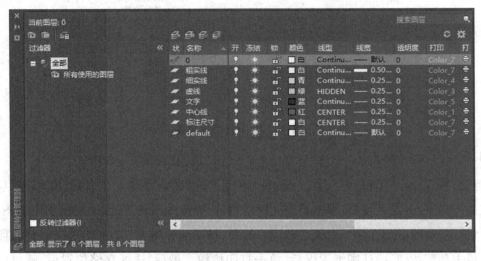

图 4－15　最终图层的设置

输入命令"style"，打开文字样式管理器对话框，单击新建按钮，将新的文字样式命名为"GCZT"，设置 SHX 字体为"gbenor. shx"，大字体样式设置为"gbcbig. shx"；宽度因子设置为 1。单击关闭，如图 4－16。

图 4－16　设置文字样式

输入命令"d"，回车，弹出标注样式管理器对话框，单击新建按钮，将新的标注样式命名为 BZ,基础样式选择 Standard,用于所有标注,单击继续,如图 4 - 17。

图 4 - 17 创建标注样式页面

在弹出的修改标注样式对话框中,选择"线"选项卡,将尺寸线颜色设置为"ByLayer",超出尺寸线设置为 2mm,起点偏移量设置为 0mm;选择"符号和箭头"选项卡,设置箭头大小为 2.2;选择"文字"选项卡,设置"文字样式"为"GCZT","文字颜色"设置为"ByLayer",设置位置高度为 3.5,文字位置垂直设置为上,水平设置为居中,文字对齐方式选择"ISO"标准。选择"调整"选项卡,将调整选项设置为"文字和箭头",文字位置设置为尺寸线旁边,这里需要注意"使用全局比例",当绘制的图幅比较大时,可以通过修改标注样式的全局比例,将尺寸标注的大小调整为最佳显示状态。选择"主单位"选项卡,将精度设置为 0.00,小数分隔符设置为句点。单击确定,设置参数如图 4 - 18 所示。

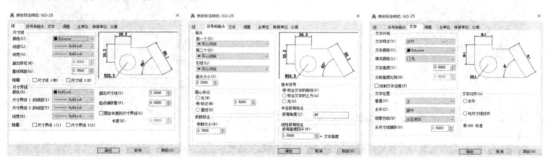

a. 尺寸线选项卡设置   b. 符号和箭头选项卡设置   c. 文字选项卡设置

d. 调整选项卡设置   e. 主单位选项卡设置

图 4 - 18 标注样式的设置

　　根据绘图国家标准规定,在"BZ"样式上还需要根据标注类型的不同来调整一些对应的参数。首先,单击新建按钮,然后,选择基础样式为"BZ",用于角度标注,单击继续,接着选择文字选项卡,将文字对齐设置为水平,最后单击确定。

　　切换至布局空间,创建好 A3 布局以后,开始绘制 A3 国标图框。

　　输入命令"REC",回车,创建两点矩形,输入坐标(0,0),回车,输入下一点坐标(420,297),回车。注意:应用命令"PR"调出特性管理器将图框放置"0 图层"中,并设置线粗为 0.25mm;输入命令"o",回车,向内偏移刚刚绘制的矩形,偏移距离为 5mm,回车;将偏移的得到的矩形线粗设置为 0.5mm;输入分解命令"x",回车,将偏移所得的矩形分解为四条直线;输入命令"o",回车,向右偏移左边的直线,偏移距离为 20mm,回车;输入修剪命令"TR",将多余的线条进行修剪。得到如图 4 - 19 所示的 A3 图框。

图 4 - 19　A3 图框 - 布局空间

然后,切换至模型空间。

　　输入命令"REC"回车,输入坐标(0,0)回车,输入下一点坐标(140,32)回车,输入命令"x",输入命令"o",将左边直线依次偏移 15,25,25,15,20,15;将下方直线,等距偏移 8;输入修剪命令"TR",修剪多余直线,得到如图 4 - 20 所示标题栏图框。

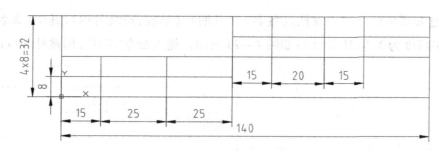

图 4 - 20 简易标题栏图框

输入命令"MT",选取左下角矩形对角线上的端点,将"文字对齐"设置为正中,文字高度设置为3.5,输入文字:审核;在文字框外单击鼠标左键,退出文字输入命令;按上述方式依此填写如图4-21所示的文字。

			材 料		比 例	
			数 量		图 号	
制 图						
审 核						

图 4 - 21 带文字的标题栏图框

输入命令"att",弹出块属性定义对话框,输入属性标记为(图名),默认值为(图名);文字对正为正中,文字样式为GCZT,位置高度为5,勾选在屏幕上指定。如图4-22所示,单击确定;将(图名)放置在左上角矩形的正中位置。

图 4 - 22 定义块属性对话框

按上述步骤依此创建块属性:(签名)、(日期)、(学校、班级名称),其中(签名)和(日期)的文字高度为 3.5,其余为 5;如图 4 – 23 所示。输入命令"WB",创建外部可用的标题栏块。

(图名)			材料		比例	
			数　量		图　号	
制　图	(签名)	(日期)	(学校、班级名称)			
审　核	(签名)	(日期)				

图 4 – 23　带属性的标题栏块

切换至布局空间,输入命令"I",将标题栏插入到图框中,最终完成情况如图 4 – 24 所示。

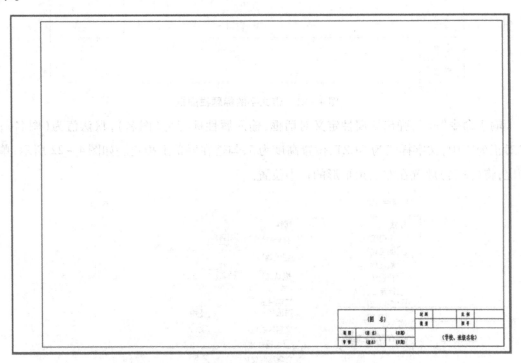

图 4 – 24　带标题栏的 A3 图框

(2)绘制图形

画 Φ76 圆的中心线。将中心线层置为当前层/输入 L,回车/确定起点/光标右移/200 回车/回车(重复直线命令)/捕捉线段中点,上移 10 回车,确定起点/光标下移/150 回车。

偏移中心线。输入 O,回车/48 回车/单击竖直的中心线/单击右侧画出平行铅垂线,回车/回车(重复偏移命令)/68 回车/单击刚生成的铅垂中心线/单击右侧画出最右侧平行铅垂线,回车/回车(重复偏移命令)／64 回车/单击水平中心线/单击其下侧画出平行线回车,结果如图4－25(a)所示。

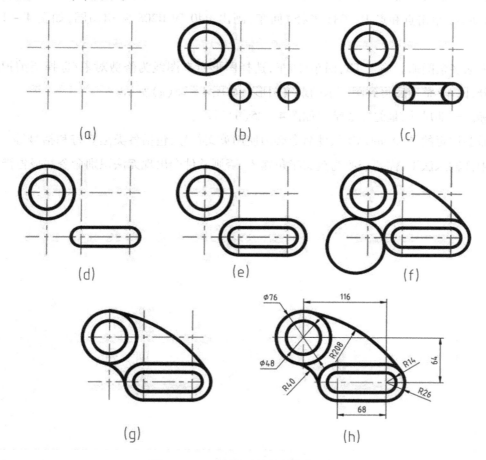

图4－25　平面图形的绘制操作示例

绘制圆形。将粗实线层置为当前层,输入 C,回车/捕捉左上角的中心线交点为圆心/24(半径)回车/回车(重复画圆命令)/捕捉同一交点为圆心/38(半径)回车,画出 Φ42 和 Φ76 两同心圆/回车(重复画圆命令)/捕捉右下角中心线交点为圆心/14(半径)回车,画出两个 R14 圆,如图4－25(b)所示。

画两圆相切直线。输入 L,回车/捕捉两 R14 圆与其铅垂线中心线的交点画出两段水平直线,如图4－25(c)所示。

去除多余线段。输入 TR,回车/回车,选择图形所有图线为修剪对象/选择要剪掉的 R14 圆弧部分实现修剪/回车/得到长圆形,如图4－25(d)所示。

画大的长圆形。输入 O,回车/12 回车/单击长圆形组成线段/单击其外侧画出较大的长圆形,结果如图 4 – 25(e)所示。

绘制相切圆。输入 C,回车/T 回车/单击点 A 和点 B/40(半径)回车/回车(重复画圆命令)/T 回车/单击点和点 D/208(半径)回车,画出 R40 和 R208 两相切圆,如图 4 – 25(f)所示。

去除多余圆弧。输入 TR,回车/回车,选择图形所有图线为修剪对象/选择要剪掉的圆弧部分,回车/整理后得到图所示的最终图形。如图 4 – 25(g)所示。

标注全部尺寸,最终完成结果如图 4 – 25(h)所示。

需要注意的是,AutoCAD 软件命令必须使用英文符号,包括各类运算符和括号等。如果是在中文输入法下,需要修改为英文半角输入,否则软件会出现无法识别命令并报告错误。

5 绘图实例练习

5.1 专项练习

5.1.1 设置图层

按下表要求设置图层(表头),如表 5-1 所示。

表 5-1 图层设置表

图层名	颜色	线型	线宽	层上主要内容
0	白	CONTINUOUS	Default	图框等
01	白	CONTINUOUS	0.7	粗实线
02	青	CONTINUOUS	0.35	细实线
03	红	CENTER	0.35	点画线
04	黄	HIDDEN	0.35	虚线
05	绿	CONTINUOUS	0.35	标注尺寸与文字
06	洋红	CONTINUOUS	0.35	剖面线

5.1.2 设置文字样式

样式命名为"GBZT",字体名选择"gbenor",使用大字体为"gbcbig",宽度因子为 1。

5.1.3 设置标注样式及子样式

新建标注样式名为"GB",其中文字采用刚设置的"GBZT"文字样式,字高为 3.5,其他参数请根据机械图的国标要求进行设置,包括半径尺寸、直径尺寸和角度尺寸的子样式设置。

5.1.4 创建 A3 布局

(1)新建布局

删除缺省的视图。

(2)更名布局

将新建布局更名为"A3"。

(3)配置打印机

配置打印机/绘图仪为 DWG TO PDF.pc3 文件格式的虚拟打印机。

（4）设置打印输出

纸张幅面为 A3 横向；打印边界四周均为 0；打印样式采用黑白打印，打印比例为 1：1。

5.1.5 绘制图框

在布局"A3"上绘制：用 1：1 的比例，按 GB - A3 图纸幅面要求，横装、留装订边，在 0 层中绘制图框。

绘制块标题栏

（1）绘制

按图 5 - 1 所示。的标题栏，在 0 层中绘制，不标注尺寸。

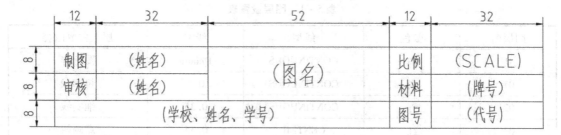

图 5 - 1 标题栏设置案例

（2）定义属性

将"（姓名）""（学校、姓名、学号）""（图名）""（SCALE）""（牌号）"和"（代号）"均定义为属性，字高：（图名）为 7、其余均为 5。

（3）定义图块

将标题栏连同属性一起定义为块，块名为"BTL"，基点为右下角。

（4）插入图块

插入该图块于图框的右下角，分别将属性"（图名）"和"（学校、姓名、学号）"的值改为"基本设置"和"用户信息"。

5.2 典型零件图绘制练习

如图 5 - 2 所示。

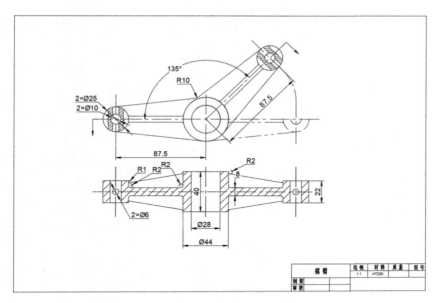

图 5 - 2　摇臂零件图

第二篇　INVENTOR

1　概述

1.1　三维造型基础

在生产和设计实践中,基于三维造型的参数化设计所占的比例越来越大。一方面,设计思想所表述的大多是三维立体,借助二维工程图形表达三维立体就是一定技术手段条件下的方法,计算机技术为三维设计技术的发展和普及提供了条件;另一方面,和传统设计方法不同,现代设计需要对设计对象进行仿真和优化分析,而仿真分析必须建立在设计对象的三维数字化信息化模型基础上。

Inventor 软件是 Autodesk 公司于 1999 年 10 月推出的 CAD 三维造型软件。目前,Autodesk 公司已免费开放授权使用教育版授权使用。本章以 Inventor 2018 版软件为例,简要介绍 Inventor 的内容,重点介绍如何运用 Inventor 软件进行零件造型的思路和方法。有关 Inventor 使用的详尽讲解和深入学习,可以查阅 Inventor 操作手册。

在具体介绍软件的使用之前,先介绍三维造型的基本思路、Inventor 设计中的几个概念和 Inventor 零件设计的流程。

1.1.1　三维造型的基本思路

三维造型的相关软件很多,虽然界面风格、操作习惯和核心算法各有不同,但是三维造型的思路和方法却基本相同。复杂立体的三维造型实质上是采用工程制图中组合体读、画图所采用的形体分析(分解)的方法,把复杂立体分解为简单的部分,按照每部分各自的特点采用不同的特征造型方法完成,进而完成整个零件。有了形体分析的基础,掌握了三维造型软件基本的特征工具(如拉伸、旋转、扫掠、放样)和工作平面的概念,就掌握了三维造型设计的基本思路。

1.1.2　Inventor 设计中的几个概念

(1)特征

特征是零件造型的基本单元。在组合体的形体分析中,对于复杂的组合体利用形体分析的方法,将它分解为若干我们熟悉的平面和曲面立体。分解的目的就是使分解后的每一部分都是我们熟悉的,都有现有的方法画出它们的视图,把每个部分的视图画出后,再按投影和国标的相关规定解决各部分之间的相贯线就可以了。

零件造型中的特征概念与此相似。复杂的零件我们不可能一次完成其造型，我们可以使用类似形体分析的方法将其分解为若干部分，其中每一部分都可以使用 Inventor 的一个造型命令完成。这每一次完成的部分我们就相应地称之为一个特征，如一个拉伸特征、一个旋转特征等。需要说明的是，除圆角、倒角等附加特征以外，拉伸、旋转、扫掠和放样等基本特征必须基于一个草图，而要绘制草图就必须先给出绘制草图的平面。

（2）草图

拉伸、旋转、扫掠和放样等基本特征实质上使用或近似地使用了工程制图中特征视图的概念。草图的绘制就类似特征视图的绘制，然后对该草图进行一定的操作形成一个特征。在工程制图中读图的时候首先要抓特征视图，在三维造型中主要特征总是基于草图的绘制。三维造型的实质就是在特定的工作平面上进行一系列草图的绘制和特征的使用。

Inventor 中的草图绘制和 AutoCAD 中二维工程图绘制的概念稍有差别。Inventor 草图在初始绘制阶段不要求严格按设计的形状和大小进行，而是在基本雏形完成以后施加相应的形状、位置约束和相应的尺寸驱动。不仅在草图绘制阶段可以对其尺寸驱动，即便是结束草图，完成基于这个草图的特征以后，还可以在特征浏览器中双击草图进行编辑，重新修改尺寸进行驱动，修改结束后，特征也随之改变。

草图的绘制必须在一个平面上进行，在刚开始造型阶段，系统默认在 XOY 平面上建立第一个草图。在有了第一个特征以后，可以以现有特征的平面表面作为新建草图的平面。当现有特征的平面表面不能满足草图位置要求时，就需要在特定位置建立工作平面。

（3）工作平面、工作轴和工作点

不仅有些草图需要在特定的位置先建立工作平面，而且在特征造型的过程中也需要一些辅助平面作为特征中止面、镜像特征的镜像面等。

所以在特征造型中，除了草图绘制以外，还需要建立相应的工作点、工作轴和工作平面，它们在特征造型中可以作为特征的对称面、中止面和旋转轴等辅助手段。工作点、轴、平面的生成原理很简单：利用原始坐标系和现有特征上的已有点、线、面、曲面轴线等，所有可以确定一个平面位置的手段都可以使用。在建立工作平面时，工作平面和已有平面之间的位置关系也可以尺寸驱动。

1.1.3　Inventor 零件设计流程

Inventor 零件设计过程可以用图 1 - 1 所示的流程表示。

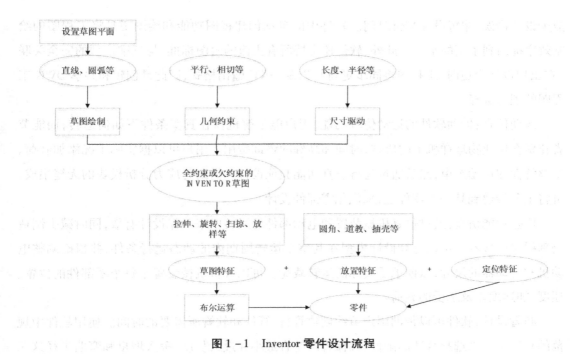

图 1-1 Inventor 零件设计流程

1.2 Inventor2018 功能介绍

零件设计：软件可以帮助设计人员更为轻松地重复利用已有的设计数据，生动地表现设计意图。借助其中全面关联的模型，零件设计中的任何变化都可以反映到装配模型和工程图文件中。由此，设计人员的工作效率将得到显著提高。软件可以使经常使用的自定义特征和零件的设计标准化和系列化，从而提高客户的生产效率。利用软件中的 iPart 技术，设计公司可以轻松设置智能零件库，以确保始终以同种方式创建常用零件。

钣金设计：软件能够帮助用户简化复杂钣金零件的设计。软件中的数字样机结合了加工信息（如冲压工具参数和自定义的折弯表）、精确的钣金折弯模型以及展开模型编辑环境。在展开模型编辑环境中，制造工程师可以对钣金展开模型进行细微的改动。因此能够帮助用户提高设计钣金零件的效率。

装配设计：软件将设计加速器与易于使用的装配工具相结合，使用户可以确保装配设计中每一个零部件的安装正确。精确地验证干涉情况和各种属性，以便一次性创建高质量的产品。软件还提供的强大工具可有效控制和管理大型装配设计中创建的数据，因此用户只需专心工作在所关心的部分零部件上。

工程图：软件中包含从数字样机中生成工程设计和制造文档的全套工具。这些工具可减少设计错误,缩短设计交付时间。软件中的自动创建视图功能和绘图工具将工程图的绘制效率提高到了新的水平。此外,软件还支持所有主流的绘图标准,与三维模型的完全关联(在出现设计变更时,工程图将同步更新),以及 DWG 输出格式,因此是创建和共享 DWG 工程图的理想选择

运动仿真:借助软件的运动仿真功能,用户能了解机器在真实条件下如何运转,而能节省花费在构建物理样机上的成本、时间和高额的咨询费用。用户可以据实际工况添加载荷、摩擦特性和运动约束,然后通过运行仿真功能验证设计。借助与应力分析模块的无缝集成,可将工况传递到某一个零件上,来优化零部件设计。

增强功能仿真:通过仿真机械装置和电动部件的运转以来确保设计有效,同时减少制造物理样机的成本。可以计算设计模型在其整个运转周期内的动态运行条件,并精确调整电动机和传动器的尺寸,以便承受实际的运转载荷。可以分析机械装置中每个零部件的位置、速度、加速度以及承受的载荷。

布管设计:软件可以帮助用户节约创建管材、管件和软管所需要的时间。使用软件中规范的布管工具来选择合适的配件,确保管路符合最小和最大长度、舍入增量和弯曲半径这三类设计规则。

线缆设计:从电路设计软件(包括 AutoCAD Electrical 软件)导出的导线表,软件可以接续进行电缆和线束设计。将电缆与线束(包括软质排线)集成到数字样机中,用户可以准确计算路径长度,避免过小的弯曲半径,并确保电气零部件与机械零部件匹配,从而节约大量时间和成本。

CAD 集成:软件能够帮助用户充分利用原有的 AutoCAD 技能和 DWG 设计数据,从而体验数字样机带来的种种优势。软件集成了业界领先的二维和三维设计功能。无须使用数据转换器,利用 DWG TrueConvert 就能直接读写 DWG 文件,同时还能保持与三维模型的关联性。用户可以通过软件轻松访问原有的二维信息,重复利用宝贵的设计数据。此外,由于用户可以将工程图保存为 DWG 文件,因此他们可以将从数字样机中获得的分析结果,并与使用 AutoCAD 软件的合作伙伴共享。从三维零件和装配设计中生成的视图,如示意图和工厂布置图等,也可以与 AutoCAD 数据相集成。用户可以通过插入新的三维设计视图来更新原有的二维工程图,以降低升级现有设备的成本。

数据管理:软件支持数据管理,可以使设计数据进行高效、安全的交换,支持不同工程相关方(包括工业设计、产品设计和制造)之间的协作。这种功能支持设计工作组管理和跟踪一个数字样机中的所有零部件设计,帮助他们更出色地重用关键的设计数据、管理 BOM 表

和实现制造团队与客户间的协作。通过一系列全面的本地格式转换器,有了出色的互操作性。在那些有部分三维数据来源于其他 CAD 软件的项目中,企业也可以无缝衔接,并满足目的客户对于其他本地格式三维模型的要求。

自动化:Inventor 可以帮助用户从三维软件投资中获得最大回报。Inventor API(应用编程接口)可以自定义实现常用操作的自动化,并按照设计标准和工程流程实现特有设计流程的自动化。借助可编辑的样式,用户可以创建符合标准的工程图,向资源中心发布自定义的零件,以确保设计者在设计中使用合适的零件,从而提高设计速度和工作效率。

1.3 Inventor2018 安装、启动与退出

目前 Inventor 2018 软件只支持 64 位计算机及操作系统。如要安装 Inventor 2018,首先应满足系统要求,具体如表 1-1 所示。

表 1-1 Inventor 2018 安装系统要求

操作系统	64 位 Microsoft ® Windows ® 10 周年更新(版本 1607 或更高版本)
	64 位 Microsoft Windows 8.1
	64 位 Microsoft Windows 7 SP1(含更新 KB4019990)
CPU	建议:3.0 GHz 或更高,4 个内核或更多数量内核
	最低要求:2.5 GHz 或更高
内存	建议:20 GB 或更大 RAM
	最低要求:8 GB RAM(少于 500 个零部件)
磁盘空间	安装程序以及完整安装:40 GB
显卡	建议:4 GB GPU,具有 106 GB/s 带宽,与 DirectX 11 兼容
	最低要求:1 GB GPU,具有 29 GB/s 带宽,与 DirectX 11 兼容
显示器分辨率	建议:3840 x 2160 (4K);首选缩放比例:100%、125%、150% 或 200%
	最低要求:1280 x 1024 (1080p)
指针设备	Microsoft 鼠标兼容的指针设备(3DConnexion 三维鼠标可选)
网络	必须具有 Internet 连接,才能通过 Autodesk ® 桌面应用程序、Autodesk ® 协作功能、.NET 安装、Web 下载和许可进行 Web 安装
	Network License Manager 支持 Windows Server ® 2016、2012、2012 R2 和 2008 R2 操作系统

续表

电子表格	需要在本地完整安装的 Microsoft ® Excel 2010、2013 或 2016,用于 iFeature、iPart、iAssembly、全局 BOM 表、明细表、修订表、电子表格驱动的设计,以及位置表达的 Studio 动画 需要使用 64 位 Microsoft Office 导出 Access 2007、dBase IV、文本和 CSV 格式 Office 365 订购客户必须确保在本地安装了 Microsoft Excel 2016 不支持 Windows Excel Starter ®、OpenOffice ® 和基于浏览器的 Office 365 应用程序
浏览器	Google Chrome™或同等级别浏览器
. NET Framework	. NET Framework 4.7 或更高版本,并确保启用 Windows 更新以进行安装
虚拟化	Citrix ® XenApp™ 7.6、Citrix ® XenDesktop™ 7.6(需要 Inventor 网络许可)

1.3.1 软件的安装

将 Inventor 2018 软件安装光盘放到光驱内(或者使用虚拟光驱软件加载安装镜像文件),打开安装包,双击"setup. exe"安装文件,启动系统安装初始化界面。系统安装初始化界面如图 1 – 2 所示。

图 1 – 2　安装初始化界面

在打开的安装界面中,单击"安装按钮",如图 1 – 3 所示。

图 1 - 3 Inventor 安装开始界面

在打开的"许可协议"界面中,单击"我接受"单选按钮,然后单击"下一步"按钮,如图 1 - 4所示。

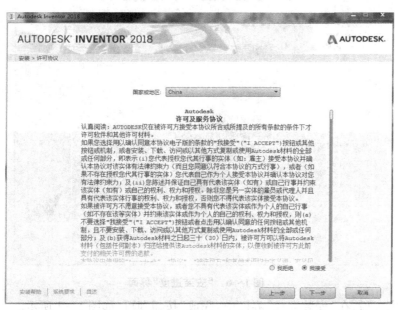

图 1 - 4 "许可协议"界面

在打开的"配置安装"界面中,配置用户自己所需要的组件,单击"安装"按钮,AutoCAD 2018 开始安装。如图 1 - 5 所示。

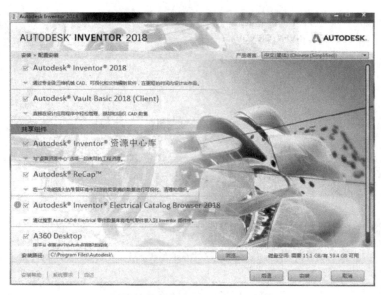

图 1-5 "配置安装"界面

在"安装进度"界面,显示系统正在安装,如图 1-6 所示。

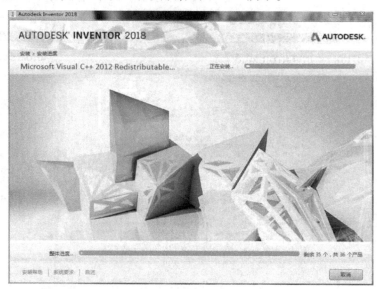

图 1-6 "安装进度"界面

安装在完成后,在"安装完成"界面中"完成"按钮即可,如图 1-7 所示。

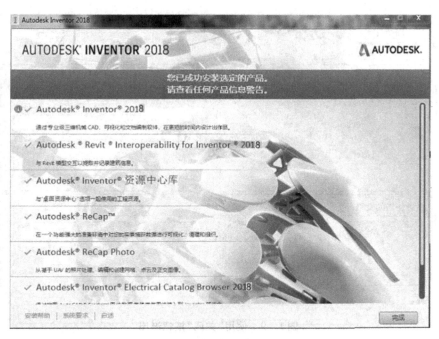

图 1 - 7 "安装完成界面"

1.3.2 软件的启动

依次选择"开始 > 所有程序 > Autodesk > Autodesk Inventor 2018 > Autodesk Inventor professional 2018"命令来启动运行 Inventor。如图 1 - 8 所示。

图 1 - 8 Inventor 启动快捷方式

1.3.3 软件的退出

在软件运行的状态下,单击界面右上角"关闭"按钮即可,如图 1 - 9 所示。

图 1 - 9　使用"关闭"按钮退出

也使用文件菜单命令退出软件。在软件界面菜单栏中,执行"文件 > 退出 Inventor professional"命令即可退出,如图 1 - 10 所示。

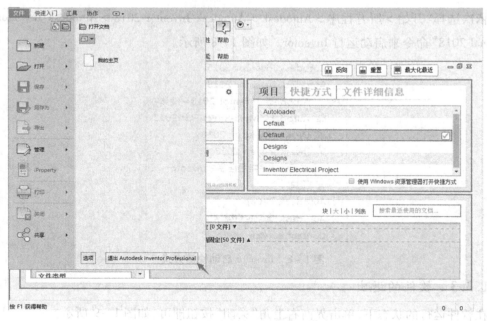

图 1 - 10　使用"文件菜单"退出

1.4 Inventor2018 工作界面介绍

1.4.1 工作环境概述

Inventor 有二维草图、特征、部件、工程图等多个功能模块，每一个模块拥有自己的选项卡、工具面板、工具栏和浏览器，由此组成相应的工作环境。工作界面主要包括选项卡、工具栏和工作区等部分。下面逐一介绍。

选项卡及工具面板针对零件、部件、工程图等不同环境，其选项卡及工具面板会有所不同。

快速访问工具栏将常用的图标按钮，如新建、保存、撤销、恢复、选择方式、零部件颜色及样式等置于界面的最上部，以便快速访问，如图 1 – 11 所示。

图 1 – 11 快速访问工具栏

浏览器通常位于界面左部，用于显示特征、零件、部件、工程图等组织结构层次，它记录了草图、特征及零件的关系，还包括全部的操作及创建过程。

右键快捷菜单可以自动推测下一步操作的智能工具。在图形区空白处、选中特征或模型以及浏览器节点后右击，便可打开相关的可操作菜单，方便调用。

ViewCube 控制块位于图形区的右上部，用于选择三维模型的观察角度。单击其定点、棱边及平面，均可调整观察方向。将 ViewCube 控制块的某一平面放正后，单击箭头可平转模型，单击三角符号可翻转模型，拖动 ViewCube 控制块的顶点可以三维旋转模型，如图 1 – 12 所示。

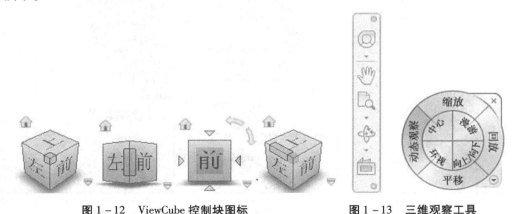

图 1 – 12 ViewCube 控制块图标   **图 1 – 13 三维观察工具**

三维观察工具包括全导航控制盘、平移、缩放、旋转观察方向等工具,如图 1 – 13 所示。其中全导航控制盘整合了多个常用导航工具,可以按不同的方式平移、缩放或操作当前模型。

Inventor 的选项卡及工具面板

通过点击不同环境下各项选项卡,会打开按逻辑关系分类存放各种工具面板,图 1 – 14 是零件环境的"模型"选项卡下各工具面板内容,图 1 – 15 是装配环境的"装配"选项卡下各工具面板内容。

图 1 – 14   零件环境"模型"选项卡

图 1 – 15   装配环境选项卡

(1)草图环境

草图环境用于创建草图几何图元(二维),草图是创建三维模型的基础。新建一个零件文就可直接进入草图环境,在现有零件文件的浏览器中也可激活草图环境。

软件启动后,单击"新建"图标出现图 1 – 16 所示。的对话框,选择"默认"标签下"Standard. ipt"零件模板,新建一个零件文件,则进如图 1 – 17 所示的草图环境。

图 1 – 16   "新建文档"对话框

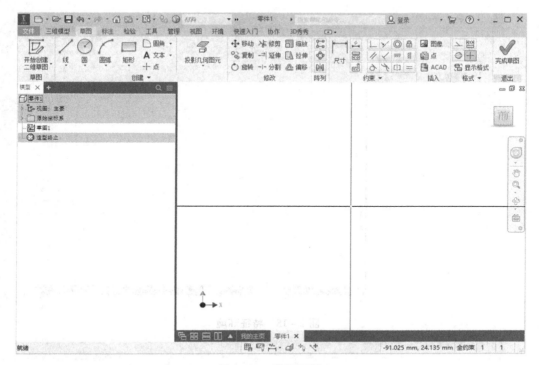

图 1 – 17　草图环境

（2）零件（特征）环境

创建或编辑零件就要激活零件环境，即特征环境。特征有以下 4 种类型：

1）草图特征：基于草图几何图元，由特征命令中输入的参数定义，如拉伸、旋转特征。

2）放置特征：不基于草图直接创建，如抽壳、圆角、倒角、起模斜度、孔和螺纹等特征。

3）阵列特征：指按矩形、环形或镜像方式重复的多个特征或特征组。

4）定位特征：用于创建和定位草图特征的平面、轴或点。

零件需在草图环境中绘制出轮廓，然后通过三维实体操作生成特征。要进入特征环境，可以单击草图面板右侧的"完成草图"选项或者在草图环境中的工作区域内右击，从快捷菜单中选择"完成二维草图"进如图 1 – 18 所示的特征环境。

（3）部件（装配）环境

部件环境也称装配环境。在 Inventor 中创建或打开部件（装配）文件时，在图 1 – 16 所示对话框中选择"Standard. iam"项，即可进入如图 1 – 19 所示的部件（装配）环境。

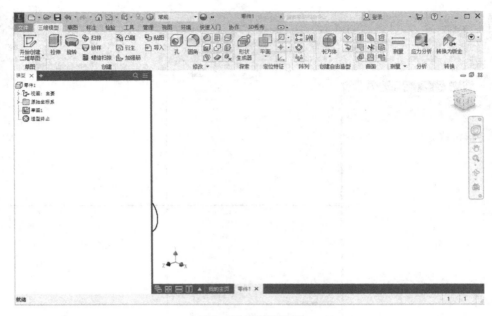

图 1-18　特征环境

图 1-19　装配环境

从浏览器上可看出,部件是零件和子部件以及装配关系的组合。这种以部件为中心的设计方法支持自上而下、自下而上和混合的设计流程。用户可在设计过程中的任何环节创建部件,从而便于把握全局设计思想,提高设计效率。

（4）工程图环境

在完成三维零部件的设计后，可生成零部件的二维工程图。通过在图 1 – 16 话框中选择"Standard. idw"或"Standard. dwg"选项进入工程图环境。利用创建工具栏可生成三视图、局部视图、打断视图、剖面图、轴测图等各种二维视图。利用标注工具可对 生成的二维视图进行尺寸标注、公差标注、基准标注、表面粗度标注以及生成部件的明细栏。

Inventor 的快速访问工具栏提供了选择特征和图元的工具。不同环境下的选择工具有所不同，零件环境的选择工具如图 1 – 20 所示。在零件环境下，可选择特征为优先、选择面和边为优先以及选择草图特征为优先等几种方式。其中选择特征、选择面和边工具可直接在特征环境下对面、边和特征进行选择，选择草图特征工具则需要进入草图环境中对草图元素进行选择。部件环境下的选择工具操作类似。

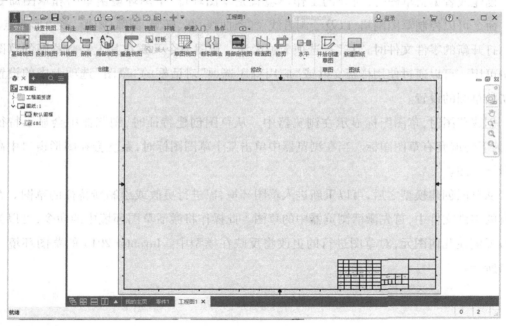

图 1 – 20　工程图环境

2 草图绘制基础

2.1 创建草图

所有三维设计都是从草图开始的,草图环境是进行三维设计的基础。通常情况下,基础特征和其他特征都是包含在草图中的二维几何图元创建的。

2.1.1 草图环境

创建或者编辑草图时,所处的工作环境就是草图环境,草图环境由草图和草图命令组成。命令可以控制草图网格,以及绘制直线、样条曲线、圆、椭圆、圆弧、矩形、多边形或点。

打开新的零件文件时,"草图"选项卡被激活。草图命令及要在其上绘制草图的草图平面将可用。可以通过使用样板文件或"应用程序选项"对话框的"草图"选项卡中的设置控制初始草图的设置。

创建草图时,草图图标显示在浏览器中。从草图创建特征时,浏览器中会显示特征图标,其下还嵌套有草图图标。当在浏览器中单击某个草图图标时,系统会在图形窗口中高亮显示该草图。

从草图创建模型之后,可以重新进入草图环境,以进行更改或绘制新特征的草图。在出现有的零件文件中,首先激活浏览器中的草图。此操作将激活草图环境中的命令,可以为零件特征创建几何图元,对草图进行的更改将反映在模型中。Inventor 2018 的草图环境如图 2 – 1 所示。

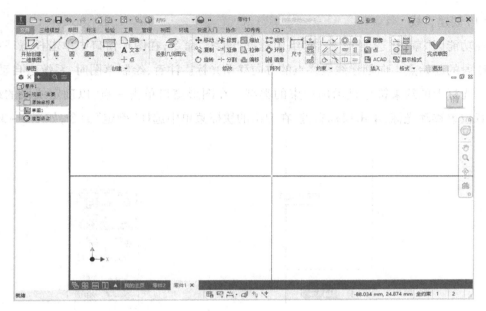

图 2 – 1   Inventor 2018 的草图环境

下面是草图环境中的一些重要特征。如下表 2 – 1。

表 2 – 1   草图环境中的重要特征

特　征	说　明
二维草图面板	显示可以实用的二维草图工具
草图样式工具	创建草图几何图元时,用于绘制中心线、构造线、点和标注,计算尺寸的工具
草图坐标原点指示器	用来确定当前相对于草图原点的坐标轴的位置及方向
草图 1	零件中的第一个草图,该草图是创建新的零件时自动产生的
草图坐标轴	与草图坐标原点指示器一样,分别表示草图的 X 轴和 Y 轴。创建新的零件时,Inventor 会自动创建一个草图,如果需要创建一个新草图,则应手动创建一个新草图

2.1.2　草图工具

在草图环境中,二维草图面板上显示可使用的草图工具按钮,二维草图面板中包含绘制草图几何图元使用的所有工具,本节主要讲述常用的草图工具。如直线、圆弧、矩形、圆、倒角和圆角等,如图 2 – 2 所示。

图 2 – 2　草图工具选项卡

（1）创建直线

在功能区"草图"选项卡"绘制"组中选择"直线"命令，在图形窗口中单击任意一点，以确定线段的起始点。向创建线段终点的方向移动光标。注意，绘制草图时，系统会自动应用约束。光标上的约束符号显示出约束的类型。在图形窗口单击一点，以确定线段的终点。向任意位置移动光标，单击鼠标右键，在弹出的快捷菜单中选择"确定"命令，如图2-3。

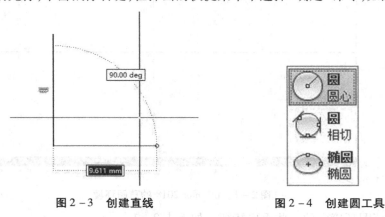

图2-3　创建直线　　　　　　图2-4　创建圆工具

（2）创建圆

圆有3个命令，即"圆圆心""圆相切""椭圆"。如图2-4所示。具体操作说明如表2-2所列。

表2-2　圆形的创建

命令	操作说明
由圆心创建圆	单击"圆圆心"按钮，在图形窗口中单击任意一点，以确定圆心。线圆周外面拖动鼠标，单击一点，以确定半径，即可创建圆，如图2-5所示。在图形窗口任意位置上单击鼠标右键，在弹出的快捷菜单中选择"确定"命令或者按键盘"Esc"按钮，以结束绘制
创建与三条直线相切的圆	单击"圆相切"按钮，一次选择3条直线，即可创建与这3条直线都相切的圆。在图形窗口任意位置上单击鼠标右键，如图2-6所示，在弹出的快捷菜单中选择"确定"命令或者按键盘"Esc"按钮，以结束绘制
创建椭圆	单击"椭圆"命令，在图形窗口单击任意一点，以确定椭圆中心。然后拖动光标，单击一点，以确定椭圆长轴。最后再拖动光标，单击一点，以确定椭圆短轴。在图形窗口任意位置上单击鼠标右键，在弹出的快捷菜单中选择"确定"命令或者按键盘"Esc"按钮，以结束绘制

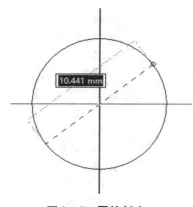

图2-5 圆的创建

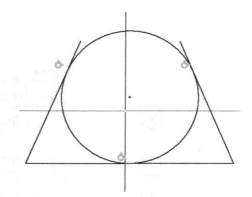

图2-6 创建与三条直线相切的圆

（3）创建圆弧

圆弧有3个命令，分别是圆弧三点、圆弧相切、圆弧圆心。单击"圆弧"下面的下拉箭头，可以看到下拉菜单中的3个圆弧命令，如图2-7所示，创建圆弧方式如表2-3所示。

表2-3 圆弧的创建

命令	操作说明
创建三点圆弧	单击"圆弧三点"按钮，在图形窗口中单击任意一点，以确定圆弧的起点。然后单击任意一点，以确定圆弧的终点。最后单击任意一点，以确定圆弧的大小。在图形窗口任意位置上单击鼠标右键，在弹出的快捷菜单中选择"确定"命令或者按键盘"Esc"按钮，以结束绘制
创建圆弧相切	单击"圆弧相切"按钮，在图形窗口中单击一个几何图元作为相切圆弧的起点，拖动光标，然后单击一点，以确定相切圆弧的终点。在图形窗口任意位置上单击鼠标右键，在弹出的快捷菜单中选择"确定"命令或者按键盘"Esc"按钮，以结束绘制
创建圆心圆弧	单击"圆心圆弧"按钮，在图形窗口中单击任意一点，以创建圆弧中心点。然后单击一点，以确定圆弧起点。最后单击一点，以确定圆弧的终点。在图形窗口任意位置上单击鼠标右键，在弹出的快捷菜单中选择"确定"命令或者按键盘"Esc"按钮，以结束绘制

（4）创建矩形、槽以及多边形

单击"矩形"下面的下拉箭头，可以看到下拉菜单中10个命令，如图2-8和图2-9所示。

图2-7 创建圆弧工具　　图2-8 创建矩形工具　　图2-9 创建槽与多边形工具

两点矩形:单击"矩形两点"按钮,在图形窗口中单击任意一点,以确定矩形的第一个对角点,然后沿若对角线方向移动光标,单击以确定矩形的第二个对角点。在图形窗口任意位置上单击鼠标右键,在弹出的快捷菜单中选择"确定"命令或者按键盘"Esc"按钮,以结束绘制。

三点矩形:单击"矩形三点"按 钮,在图形窗口中单击第一点,以确定矩形的第一个对角点。然后单击第二点,以确定矩形的一个边。拖动鼠标,以确定矩 形相邻边的长度。在图形窗口任意位置上单击鼠标右键,在弹出的快捷菜单中选择"确定"命令或者按键盘"Esc"按钮,以结束绘制。

两点中心矩形:单击"矩形两点中心"按钮 ,在图形窗口中单击第一点,以确定矩形的中心。拖动光标,以确定矩形的对角点。在图形窗口任意位置上单击鼠标右键,在弹出的快捷菜单中选择"确定"命令或者按键盘"Esc"按钮,以结束绘制。

三点中心矩形:单击"矩形三点中心"按钮,在图形窗口中单击第一点,以确定矩形的中心。然后单击第二点,以确定矩形的长度。拖动鼠标,以确定矩形相邻边的长度。在图形窗口任意位置上单击鼠标右键,在弹出的快捷菜单中选择"确定"命令或者按键盘"Esc"按钮,以结束绘制。

中心到中心槽:单击"槽中心到中心"按钮,在图形窗口中单击任意一点,以确定槽的第一个中心。单击第二点,以确认槽的第二个中心。拖动鼠标,以确定槽的宽度。在图形窗口任意位置上单击鼠标右键,在弹出的快捷菜单中选择"确定"命令或者按键盘"Esc"按钮,以结束绘制。

整体槽:单击"槽整体"按钮,在图形窗口中单击任意一点,以确定槽的第一个点。拖动鼠标,以确认槽的长度。拖动鼠标,以确定槽的宽度。在图形窗口任意位置上单击鼠标右键,在弹出的快捷菜单中选择"确定"命令或者按键盘"Esc"按钮,以结束绘制。

中心点槽:单击"槽中心槽"按钮,在图形窗口中单击任意一点,以确定槽的中心点。单击第二点,以确认槽圆弧的圆心。拖动鼠标,以确定槽的宽度。在图形窗口任意位置上单击鼠标右键,在弹出的快捷菜单中选择"确定"命令或者按键盘"Esc"按钮,以结束绘制。

三点圆弧槽:单击"槽三点圆弧"按钮,在图形窗口中单击任意一点,以确定槽的起点。然后单击任意一点,以确定槽的终点。最后单击任意一点,以确定槽圆弧的大小。拖动鼠标,以确定槽的宽度。在图形窗口任意位置上单击鼠标右键,在弹出的快捷菜单中选择"确定"命令或者按键盘"Esc"按钮,以结束绘制。

圆心圆弧槽:单击"槽圆心圆弧"按钮,在图形窗口中单击任意一点.以确定槽的中心点。然后单击任意一点,以确定槽的终点。最后单击任意一点.以确定槽圆弧的大小.拖动鼠标,以确定槽的宽度。在图形窗口任意位置上单击鼠标右键,在弹出的快捷菜单中选择"确定"命令或者按键盘"Esc"按钮,以结束绘制。

圆心圆弧槽:单击"槽圆心圆弧"按钮,在图形窗口中单击任意一点。以确定槽的中心点。然后单击任意一点,以确定槽的终点。最后单击任意一点。以确定槽圆弧的大小,拖动鼠标,以确定槽的宽度。在图形窗口任意位置上单击鼠标右键,在弹出的快捷菜单中选择"确定"命令或者按键盘"Esc"按钮,以结束绘制。

多边形:单击"多边形"按钮,在弹出的多边形命令框中输入多边形边长的数值,在图形窗口任意单击一点,确定多边形的中心,拖动光标,单击一点,即可确定多边形的大小。在图形窗口任意位置上单击鼠标右键,在弹出的快捷菜单中选择"确定"命令或者按键盘"Esc"按钮,以结束绘制。

(5)创建圆角和倒角

圆角:如图2-10所示为"二维圆角"对话框,其参数如下。

图2-10 二维圆角对话框

在草图中创建圆角:在功能区"草图"选项卡的"绘制"组中选择"圆角"命令,在弹出的对话框中输入圆角半径,单击"等长"按钮,将创建多个等半径的圆角,如图2-11。在图形窗口中选择要创建成为圆角的几何图元的拐角(顶点)或分别选择每条线段。继续选择要创建圆角的几何图元。注意,设置"等长"选项的数值只能等于创建第一圆角半径的值。如图 2 – 12 所示。

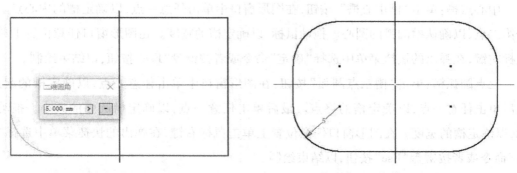

图 2 – 11 圆角的创建　　　　　　　图 2 – 12　连续创建圆角

完成后在图形窗口任意位置上单击鼠标右键,在弹出的快捷菜单中选择"确定"命令或者按键盘"Esc"按钮,以结束绘制。

倒角:在图中显示了"二维倒角"对话框中的各选项,这些选项可以设置倒角类型和尺寸,如图 2 – 13 所示。

倒角边长:输入与放置倒角的两边相同的偏移距离,如图 2 – 14 所示。

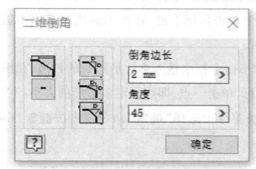

图 2 – 13　"二维倒角"对话框　　　　图 2 – 14　设置倒角边长

倒角边长 1:输入与放置倒角的第一条边的偏移距离。

倒分边长 2:输入与放置倒角的第二条边的偏移距离。如图 2 – 15 所示。

角度:输入与放究倒角的角度,如图 2 – 16 所示。

完成后在图形窗口任意位置上单击鼠标右键,在弹出的快捷菜单中选择"确定"命令或者按键盘"Esc"按钮,以结束绘制。

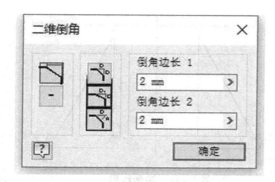

图 2－15　设置倒角边长 1、倒角边长 2

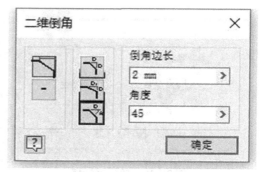

图 2－16　设置角度

（6）投影几何图元

利用此工具可以将模型上的几何图元、定位特征或其他草图中的几何图元投影到当前草图平面上。示意效果如图 2－17 所示。

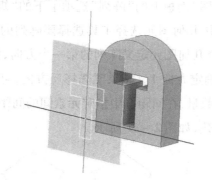

图 2－17　投影几何图元

2.2　草图几何特征编辑

2.2.1　镜像与阵列

（1）镜像

对几何图元的镜像操作步骤如下：单击草图工具面板上的"阵列"选项卡写的"镜像"按钮，打开"镜像"对话框，如图 2－18 所示，单击"镜像"对话框中的"选择"工具，选择镜像对象，单击"镜像线"按钮，选择镜像线。单击"应用"按钮，完成镜像的创建，如图 2－19。单击"完毕"按钮可退出镜像操作。

图 2 - 18　镜像对话框　　　　　　　图 2 - 19　镜像结果

（2）阵列

Inventor 提供矩形阵列和环形阵列工具。矩形阵列可在两个不同方向上阵列几何图元，环形阵列则可得到按圆周分布的几何图元。

创建矩形阵列：单击"草图"面板上的"阵列"选项卡下的"矩形"按钮，打开"矩形阵列"对话框，如图 2 - 20 所示，利用几何图元选择工具选择要阵列的草图几何图元。单击"方向1"下面的路径选择图标，选择几何图元定义阵列的第一个方向，如图 2 - 20 可见方向 1 为 X 轴方向，故可通过拾取 X 轴确定方向 1。如果要选择反方向，可单击反向图标。接着，在数量框中指定"方向 1"元素的数量，在间距框中指定元素间的间距。然后单击"确定"按钮，即可完成草图矩形阵列特征创建，如图 2 - 21 所示。

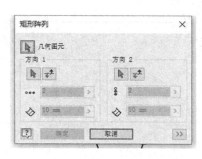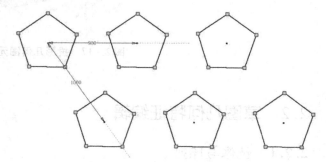

图 2 - 20　矩形阵列对话框　　　　　　　图 2 - 21　矩形阵列

创建环形阵列：单击"环形"工具，打开"环形阵列"对话框，如图 2 - 22 所示，利用几何图元选择工具选择阵列对象，利用旋转轴选择工具，选择旋转中心，也可单击反向工具改变旋转方向。选择旋转方向后，输入要复制的几何图元个数、旋转角度。单击确定按钮，完成如图 2 - 23 所示环形阵列特征的创建。

图 2 - 22　环形阵列对话框　　　　　　图 2 - 23　环形阵列

2.2.2　偏移、延伸与修剪

偏移：使用"草图"工具面板上的"修改"选项卡下的"偏移"按钮，可复制所选草图几何图元并将其放置在与原图形偏移一定距离的位置上，如图 2 - 24 所示。操作步骤如下：单击"偏移"工具，选择要偏移的几何图元，在要放置图元的方向上移动光标，预览偏移图元，单击确定创建新的几何图元。鼠标右击工作区，并在快捷菜单栏中选择"完成"，完成草图偏移操作。

延伸：使用"延伸"工具可延伸曲线或直线，闭合出于开放状态的草图。操作如下：单击"延伸"工具，将光标移动到要延伸的直线或曲线上，此时该功能将所选曲线延伸到与其最近的相交直线或曲线上，用户可预览延伸的曲线；单击几何实现延伸，如图 2 - 25 所示；鼠标右击工作区，在快捷菜单栏中选择"完成"，即可完成延伸操作。

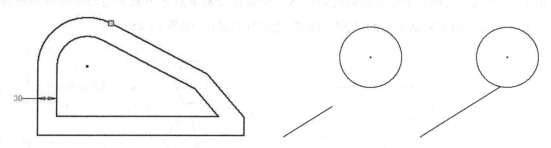

图 2 - 24　经偏移生成的图元　　　　图 2 - 25　直线的延伸

修剪：使用"修剪"工具可修剪直线、曲线或删除线段，该功能将选中的直线或曲线修剪到与其最近曲线的相交处。该工具使用方法与延伸工具类似，具体操作是：单击"修剪"工具，将光标移动到要修剪的直线或曲线上单击，则线段被删除，如图 2 - 26 所示。鼠标右击工作区，快捷键中选择"完成"，即可完成修剪操作。

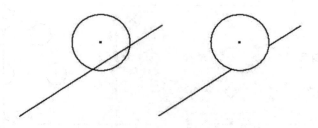

图 2-26　直线的修剪

2.2.3　移动

从指定的点移动选定的草图图元,可以单击"移动"工具,打开图 2-27 所示的对话框,操作步骤如下:

单击"选择"按钮,选择要移动的草图图元。单击"基准点"按钮,选择任意一点作为移动的起始点。单击该点并移动到指定位置,再次单击即可确定移动的终点位置。单击对话框中的"完毕"按钮,完成移动操作。

2.2.4　复制

用于复制草图图元,还可将复制的内容复制到剪贴板中用于粘贴。选定草图图元后,单击"复制"工具,打开如图 2-27 所示对话框,操作步骤如下:单击"选择"按钮,选择要复制的草图图元。单击"基准点"按钮,选择任意一点作为复制的起始点。单击该点并移动到指定位置,再次单击即可确定复制的终点位置。继续移动基准点并重复上述操作即可创建多个复制结果。单击对话框中的"完毕"按钮,完成复制操作,如图 2-28。

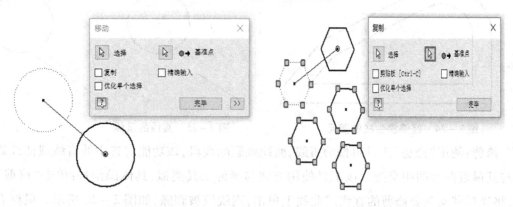

图 2-27　草图的移动　　　　　　　　图 2-28　草图的复制

2.2.5　旋转

该功能用于将选定的几何图元绕指定的中心点旋转。单击"旋转"工具,打开如图 2-

29 所示的对话框,操作步骤如下:单击"选择"按钮,选择要旋转的草图图元。单击"中心点"按钮,选择任意一点作为旋转中心。在"角度"文本框内输入旋转角度,单击"应用"按钮即可完成此次操作,并可进行下次操作。单击"完毕"按钮则关闭对话框。

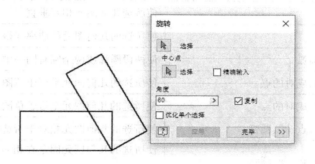

图 2 – 29　草图旋转操作

2.3　约束草图

2.3.1　草图约束

草图绘制后,需要对草图进行几何约束,如约束两条直线平行或垂直、两圆同心等。约束可以保持图元之间的固定关系。约束工具栏如图 2 – 30 所示。

图 2 – 30　草图约束工具

2.3.2　添加草图几何约束

可通过"草图"工具面板上的"约束"选项卡为草图图元添加几何约束,使用时先单击工具图标,再选取好图元和工具。各约束命令用法如表 2 – 4 所列。

表 2 – 4　草图约束工具说明

约束类型	适用对象	结果
重合	直线、点、直线的端点、圆心点	使两个约束点重合或使一个点位于曲线上
平行	直线	使所选的几何图元互相平行
相切	直线、圆、圆弧	使所选的几何图元相切

续表

约束类型	适用对象	结果
共线	直线、椭圆	使所选的几何图元位于同一条直线上
垂直	直线	使所选几何图元相互垂直
平滑	曲线	使所选的几何图元的曲率变得平滑
同心	圆、圆弧	使两段圆弧或两个圆有同一中心点
水平	直线、成对的点	使所选的几何图元平行于草图坐标系的 X 轴
竖直	直线、成对的点	使所选的几何图元平行于草图坐标系的 Y 轴
对称	直线、点、圆、圆弧	使所选的几何图元相对于所选中心线形成对称约束
固定	直线、点、圆、圆弧	使所选的几何图元固定在相对于草图坐标系的一个位置
等长	直线、圆、圆弧	使所选的圆或圆弧具有相等的半径,使选中的直线具有相等的长度

2.3.3　显示或删除约束

（1）显示所有几何约束

默认情况下草图在添加几何约束后是不显示的,如要显示所有约束,可在草图绘图区内右击,在快捷菜单栏中选择"显示所有约束"或按键盘 F8 按键;如要隐藏全部约束,则选择"隐藏所有约束"或按键盘按键。

（2）显示单个几何约束

显示单个几何图元的约束,可单击"草图"工具面板上的"约束"选项卡下的"显示约束"按钮,在草图绘图区选择几何图元,则显示该几何图元有关的约束。

（3）删除某个约束

删除某个几何图元的约束,可在显示约束的小图标中右击该约束符号,在快捷菜单栏中选择"删除"。

2.4　草图绘制操作示例

以绘制图 2–31 所示的草图操作为示例。

1）过原点绘制两个同心圆,在两侧绘制四个圆及四段直线段,如图 2–31 所示(a)。

2）用同心约束工具使两侧的圆分别同心用水平约束工具使三对同心圆的圆心处于同一水平位置。用相切约束工具使四段直线段与对应圆分别相切,结果如图 2–31(b)所示。

3)修剪或延长切线,修剪多余的圆弧。用等长约束工具使4条切线等长,左右两侧的圆和圆弧分别等长,上下两侧的圆弧等长,约束结果保证了图形的对称性。结果如图2-31(c)所示。

4)添加尺寸约束,标注图2-31(d)所示的5个尺寸。

5)检查,完成并保存文件。

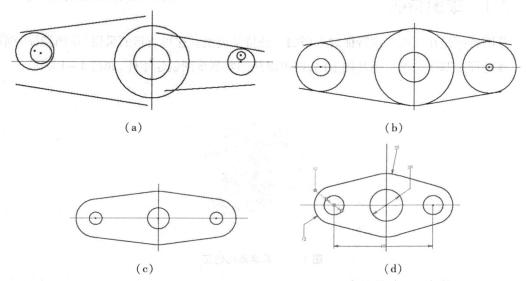

（a）   （b）

（c）   （d）

图2-31　草图绘制操作示例

3 特征建模基础

3.1 草图特征

草图特征是在创建三维特征时采用的一种特征类型。这里所指的采用"草图特征"创建的三维特征是基于二维草图基础上的,即可以使用共享草图创建零件,如图 3 - 1 所示。

图 3 - 1 共享草图特征

3.1.1 简单的草图特征

草图特征是一种三维特征,它是在二维草图的基础上建立的。草图特征可以表现出大多数基本的设计意图。当创建一个草图特征时,必须首先创建一个三维的草图或者创建一个截面轮廓。而所绘制的轮廓通常是表现所被创建的三维特征的二维截面形状。对于大多数复杂的草图特征,截面轮廓可以创建在一张草图上。

还可以以不同的三维模型轮廓,创建零件的多个草图,然后在这些草图之上建立草图特征。所创建的第一个草图特征被称为基础特征,当创建好基础特征之后,就可以在此三维模型的基础上添加草图特征或者添加放置特征。

3.1.2 退化和未退化的草图

当创建一个零件时,第一个草图是自动创建的.在大多数情况下会使用默认的草图作为三维模型的基础视图。在草图创建好之后,就可以创建草图特征,比如拉伸或旋转来创建三维模型最初的特征。对于三维特征来说,在创建三维草图特征的同时,草图本身也就变成了退化草图。除此之外,草图还可以通过"共享草图"重新定义成未退化的草图,以便在后续更多的草图特征中重复使用。未退化的草图如图 3 - 2 所示(图中模型树的草图 1),退化的草图如图 3 – 3 所示(图中模型树的拉伸 3 – 草图 1)。

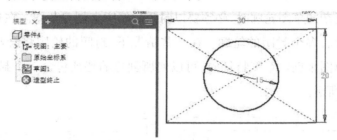

图 3 – 2　未退化的草图

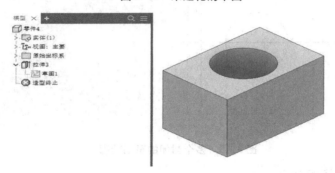

图 3 – 3　退化的草图

草图已经被退化后,在浏览器中用右键单击草图仍可以进入草图编辑状态,如图 3 – 4 所示。

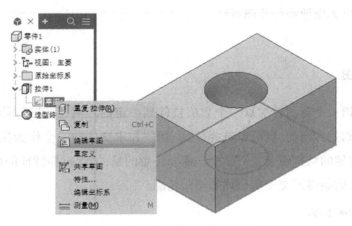

图 3 – 4　转换已退化的草图

3.1.3　草图和轮廓

在创建草图轮廓时,要尽可能创建包含许多轮廓的几何草图。草图轮廓有两种类型:开放的和封闭的。封闭的轮廓多用于创建三维几何模型,开放的轮廓用于创建路径和曲面。

草图轮廓也可以通过投影模型几何图元的方式来创建。

在创建许多复杂的草图轮廓时,必须要以封闭的轮廓来创建草图。在这种情况下,往往是一个草图中包含着多个封闭的轮廓。在一些情况下,封闭的轮廓将会与其他轮廓相交。在用这种类型的草图来创建草图特征时,可以使所创建的特征包含一个封闭或多个封闭的轮廓。如图 3 – 5 所示。

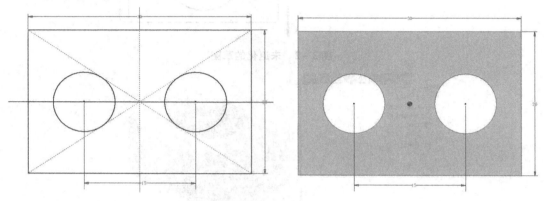

图 3 – 5   多个封闭的草图轮廓

3.1.4   共享草图特征

可以用共享草图的方式重复使用一个已存在的被退化的草图。共享草图后,为了重复添加草图特征仍需将草图可见。通常共享草图可以创建多个草图特征。当共享草图后,它的几何轮廓就可以无限地添加草图特征。

3.2   拉伸

拉伸特征是指一个草图轮廓以一个数值拉伸到一定的距离,并基于不同的终止方式而得到的。如果轮廓是封闭的,则可以选择添加、切削和求交中的一个作为拉伸的结果;如果轮廓是开放的,拉伸的结果便会是一个面。需要注意的是,尽管拉伸特征的面可以有一个锥度,但是拉伸的方向始终正交于所拉伸的草图轮廓。

3.2.1   拉伸工具

使用拉伸工具从存在的草图中创建拉伸特征。拉伸特征需要一个未退化并且可见的草图。如果草图只包含一个封闭的轮廓,则使用拉伸特征的时候,草图轮廓会被自动选取;如果草图包含两个或两个以上的轮廓,就需要在拉伸特征中选取包含的草图轮廓。

在功能区的"三维造型"选项卡的"创建"组中选择"拉伸"命令,会弹出"拉伸"对话框,如图 3－6 所示,并且单击对话框最下方的箭头可以显示或隐藏对话框。

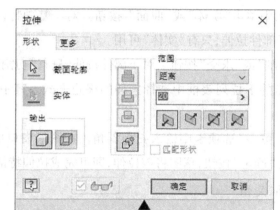

图 3－6 拉伸对话框

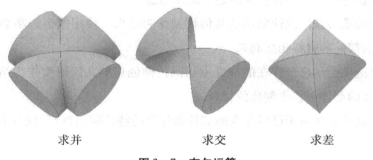

求并　　　　　　　　　求交　　　　　　　　　求差

图 3－7 布尔运算

3.2.2 拉伸对话框选项

截面轮廓:单击此按钮选择所包含的拉伸的草图轮廓,红色的箭头表明还没有为拉伸特征选取草图轮廓。方向:选择方向箭头或者在所想要拉伸的方向单击并拖动一个截面的拉伸。

创建拉伸特征的步骤示例如下:

1)创建草图或选择一个截面轮廓或面域,以表示要创建的拉伸特征的横截面。在将拉伸创建为装配特征时,不能使用开放的截面轮廓。

2)在功能区的"三维造型"选项卡的"创建"组中选择"拉伸"命令以显示"拉伸"对话框。草图特征之一就是拉伸特征,创建好拉伸特征之后,就可以调节特征间的关系,如布尔加、布尔减、布尔交,如图 3－7 所示。在这些特征创建好之后,可以编辑用于拉伸特征的隐藏的草图轮廓。如果草图中只有一个截面轮廓,将自动选择该轮廓。如果有多个截面轮廓,可在"形状"选项卡中单击"截面轮廓"按钮,然后选择要拉伸的截面轮廓。可以使用"选择其他"浏览所有可选的几何图元,然后进行选择。

3)在"输出"选项组中单击"实体"或"曲面"按钮。对于基础特征,只有"曲面"可用于开放的截面轮廓。对于部件拉伸,只有"实体"可用。

4)单击"添加""切割"或"求交"按钮。对于部件拉伸,只有"切割"操作可用。

5)在"范围"选项组的下拉列表框中选择拉伸的终止方式。其中有些方式对于基础特征不可用。

6)如果需要,可在"更多"选项卡中输入扫掠斜角。在图形窗口中,将有一个箭头显示扫掠斜角的方向。单击"确定"按钮,草图将被拉伸,即可完成拉伸特征操作。

3.2.3 拉伸特征关系

在创建拉伸特征时,有必要在已存在的特征上给刚创建的拉伸特征一个关系,以控制结果,这些关系在创建第一个零件特征时是不能使用的。

添加:这个选项会联结拉伸创建的几何模型作为结果。使用这个选项会将拉伸体的材料与已经存在的部件的材料相加起来。

切削:这个选项会从已经存在的部件中切割拉伸创建的几何模型作为结果。使用这个选项将从已存在的部件中移去创建的材料。

求交:这个选项会相对于已经存在的部件和创建的特征移去材料,仅留下两者之间都有的材料。

终止方式:在创建拉伸特征时,可以在"拉伸"对话框中为特征选择拉伸的终止方式。基于所选的选项可以得到不同的终止方式。指定终止方式可以确定拉伸的起始和结束,

距离:该选项可以通过一个拉伸的值来拉伸轮廓。

到表面或平面:该选项可以拉伸轮廓到下一个平面或面。使用终止箭头来选择实体面或者面。

到:该选项可以拉伸轮廓到所选的终止面或者平面上。如果所选择的终止面或者平面不能完全包容拉伸的面,则应选择"在延伸面上指定终止特征"。

介于两面之间:该选项拉伸轮廓从所选的起始面到终止面,且终止面为所选取的第二个面,如果需要,选择"延伸平面"选项。

贯通:该选项可以贯通整个零件。零件改变时拉伸特征仍会贯通整个零件。

需要注意的是,任何三维软件,无论是在创建零件或者草图时,创建的方式不止一种,设计人员应根据设计意图来选择一种表达最为准确的创建方式和步骤进行建模。

3.3 旋转

可以将草图绕着一根轴创建旋转特征。在创建草图特征的同时,可以对特征施加添加、切削和求交的布尔运算。在创建好特征以后,同样可以对旋转特征或草图进行编辑。本节将学习如何编辑特征和编辑创建特征所使用的草图。

旋转特征就是草图通过绕着一根轴旋转所创建的特征,可以将草图旋转 360°,也可以将草图旋转一定的角度。如果被旋转的轮廓是封闭的,可以选择添加、切削和求交中的任何一个作为旋转的结果;如果被旋转的轮廓是不封闭的,那么旋转的结果就是一个面。

3.3.1 旋转工具

单击"旋转"按钮使用一个已存在的草图轮廓创建草图特征,旋转特征需要一个未退化和可见的草图。如果草图包含单一在的封闭轮廓,草图会被自动选取;如果草图包含一条中心线,则它将自动被作为旋转的轴;如果草图包含一个或一个以上的草图轮廓,就需要选择包含特征的草图轮廓。

在功能区的"三维造型"选项卡的"创建"组中选择"旋转"命令,会弹出"旋转"对话框,如图 3-8 所示,并且单击对话框最下方的箭头可以显示或隐藏对话框。

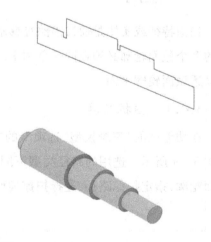

图 3-8 旋转对话框

3.2.2 旋转对话框选项

截面轮廓:单击此按钮,选择包含旋转特征的草图几何轮廓,红色的箭头表明还没有为旋转特征选取草图轮廓。

旋转轴：单击此按钮，选取一条线段作为旋转特征的旋转轴。

输出：选择想要输出的选项，有实体和曲面两种。

终止方式：从下拉列表框中选择想要的选项。其中"角度"可以确保用户为旋转特征选择特定的角度或者方向；"全部"可以将草图旋转 360°。

方向：选择方向按钮或者单击且拖曳旋转的预览特征到所想要的方位。

3.3.3 指定终止方式

在创建拉伸特征时，可以在"拉伸"对话框中为特征选择拉伸的终止方式。基于所选的选项可以得到不同的终止方式。指定终止方式可以确定拉伸的起始和结束。

角度：该选项可以通过一个旋转的角度来创建轮廓。

到：该选项可以旋转轮廓到所选的终止面或者平面上。如果所选择的终止面或者平面不能完全包容旋转的面，则应选择"在延伸面上指定终止特征"。

介于两面之间：该选项拉伸轮廓从所选的起始面到终止面，且终止面为所选取的第二个面，如果需要，选择"延伸平面"选项。

全部：该选项可以将草图旋转 360°。

3.4 扫掠

扫掠特征或实体是通过沿路径移动或扫掠一个或多个草图截面轮廓而创建的。用户使用的多个截面轮廓必须在同一草图中。路径可以是开放回路，也可以是封闭回路，但是都必须穿透截面轮廓平面。

3.4.1 扫掠工具

在功能区的"三维模型"选项卡的"创建"组中选择"扫掠"命令，弹出"扫掠"对话框，如图 3 – 9 所示。选用的路径类型不同，对话框设置也不同。通过此对话框，用户可以选择截面轮廓，指定扫掠路径、选择扫掠类型、指定扫掠斜角等。

图 3 - 9　扫掠对话框

（1）截面轮廓

选择草图的一个或多个截面轮廓以沿选定的路径进行扫掠。对于封闭截面轮廓,用户可以选择创建实体或曲面;而对于开放的截面轮廓,则只有创建曲面。使用扫掠实体时,每次只能使用一个能构成封闭区域的截面轮廓,这个截面轮廓可由多个闭合轮廓组成。

（2）扫掠路径

选择扫掠截面轮廓所围绕的轨迹或路径。路径可以是开放回路,也可以是封闭回路。软件支持创建自相交的几何模型。

（3）扫掠类型

用户创建扫掠特征时,除了必须指定截面轮廓和路径外,还可以选择引导路径和引导曲面等来控制截面轮廓的比例和扭曲。因此,基于扫掠过程中截面轮廓变形控制的类型不同,创建扫掠实体或曲面的方法可分为传统路径扫掠、引导轨道扫掠和引导曲面扫掠。

3.4.2　扫掠扫描创建方式

三种方式的区别如下表 3 - 1 所示

表 3 - 1　扫描创建方式

类型	用途	变形方式
传统路径扫掠	用于沿某个轨迹相同的界面轮廓	"路径"方式:原始截面轮廓与路径垂且,在结束处扫掠截面仍维持这种几何关系 "平行"方式:截面轮廓会保持平行于原始截面轮廓,在路径任一点做平行面轮廓的剖面,获得的几何 形状仍与原始截面相当

续表

类型	用途	变形方式
引导轨道扫掠	用于具有不同截面轮廓的对象	X 和 Y：在扫掠过程中，截面轮廓在引导轨道的影响下随路径在 X 和 Y 方向同时绽放 X：在扫掠过程中，截面轮廓在引导轨道的影响下随路径在 X 方向上进行绽放 无：使截面轮廓保持固定的形状和大小，此时轨道仅控制截面轮廓扭曲。当选择此方式时，相当于传统路径扫掠
引导曲面扫掠	用于具有相同截面轮廓的对象	扫掠时附加一个曲面来控制截面轮廓的扭曲

3.4.3　扫掠特征操作示例

通过扫掠命令创建衣架模型。启动软件，单击新建零件按钮，打开特征环境，单击开始创建二维草图按钮，选择 XY 平面，创建如下图 3 - 10 所示的扫描路径。

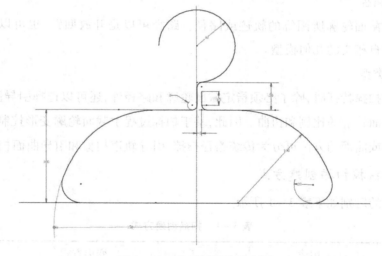

图 3 - 10　衣架扫掠路径草图

绘制完成以后，单击完成草图按钮，选择 YZ 平面，在原点位置创建一个直径为 8 的圆，单击完成草图，单击扫掠按钮，选择草图 2 为截面轮廓，草图 1 为扫掠路径，单击确定，保存文件。最终模型如图 3 - 11 所示。

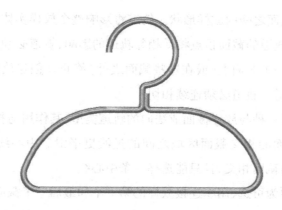

图3-11 衣架模型

3.5 放样

放样是将两个或两个以上具有不同形状或尺寸的截面轮廓均匀过渡,从而形成特征实体或曲面。与扫掠相比,放样更加复杂,用户可以选择多个截面轮廓和轨道来控制曲面。由于其具有可控性并能创建更为复杂的曲面,常用于创建与人机工程学、空气动力学或美学相关的曲面,比如日常电器产品外形和汽车表面等。

在功能区的"三维模型"选项卡的"创建"组中选择"放样"命令,会弹出"放样"对 话框,该对话框中有"曲线""条件"和"过渡"3 个选项卡。如图 3-12 所示。

图3-12 放样工具对话框

截面轮廓:放样的截面轮廓可以是二维草图或三维草图中的曲线、模型边、点或面回路。截面轮廓的增加会控制模型更加逼近真实或者期待的形状,但随着截面轮廓的增加,计算时间会增加,应选择适量的轮廓或者其他辅助几何要素。如果出现截面误选,可在截面列表中单击误选的轮廓,然后通过"Ctrl + 单击""Shift + 单击"或直接按"Delete"键清除误选的截面。

轨道:轨道是指截面之间的放样形状。轨道将影响整个放样实体,而不仅仅是与轨道相交的截面顶点。没有轨道的截面顶点将受相邻轨道的影响,轨道必须与每个截面相交,并且必须在第一个和最后一个截面上(或在这些截面之外)终止。创建放样时,将忽略延伸到截面之外的那一部分轨道。轨道必须连续相切。

中心线:中心线是一种与放样截面成法向的轨道类型,其作用与扫掠路径类似。中心线放样使选定的放样截面的相交截面区域之间的过渡更平滑。中心线与轨道遵循相同的标准,只是中心线无须与截面相交,且只能选择一条中心线。

闭合回路:此选项为可选,用 + 连接放样的第一个和最后一个截面以构成封闭回路。

合并相切面:此选项为可选,用千自动缝合相切放样面,这样,特征的切面之间将不创建边。

选择条件:为列出的截面和轨道指定边界条件。

无条件:即自由条件,相当于 GO 连续。默认选项,不应用任何边界条件。

方向条件:用以指定相对于截面或轨道平面测量的角度。设置条件的角度和权值。

角度:表示截面或轨道平面与放样创建的面之间的过渡段包角,范围 0° 到 180°。

权值:一种无量纲系数,通过在转换到下一形状之前确定截面形状延伸的距离以控制放样的外观。

相切 G1 条件:用以创建与相邻面相切的放样,然后设置条件的权值。不适应于草图截面轮廓。

平滑 G2 条件:用以指定与相邻面连续的放样曲率。不适应被面轮廓为草图的情况。

尖锐点:用以创建尖头或锥形顶面,仅当起始截面或终止截面是一个点时可用。

相切:用以创建圆头的盖形顶面,然后设置条件的权值。当起始截面或终止截面是一个点时可用。

与平面相切:指定平面,然后设置条件的权值。当起始截面或终止截面是一个点时可用。

选择过渡:在"过渡"选项卡中,默认选项为"自动映射"。如果需要,取消选择该复选框以修改自动创建的点集,添加或删除点。映射点、轨道、中心线和截面顶点将定义一个截面的各段如何映射到其前后截面的各段中。如果取消选择"自动映射"复选框,将列出自动计算的点集并根据需要添加或删除点。

点集:在每个放样截面上列出自动计算的点。

映射点:在草图上列出自动计算的点以便沿这些点直线对齐截面,从而使放样特征的扭曲最小化。

位置:以无量纲值指定相对于选定点的位置。0 表示直线的一端,5 表示直线的中点,1 表示直线的另一端。

自动映射:默认设置打开。选择该复选框后,点集、映射点和位置等条目将为空。取消选择该复选框可以手动修改映射点。

根据添加的轨道和中心线控制等约束条件不同,放样可分为以下 4 种类型。如下表 3 - 2 所示。

表 3 - 2 放样类型

放样类型	含义	创建方式
一般放样	只使用多个截面轮廓而不施加中心线、导轨或面积等控制	默认创建为一般方式,单击放样工具即可创建
轨道放样	选择的多个截面轮廓施加单个或多个轨道控制	单击放样工具后,单击鼠标右键,从弹出的快捷菜单中选择"轨道"命令或在"放样"对话框的"轨道"列表框中单击"单击以添加"并选择一个或多个二维或三维曲线以用于引导轨道
中心线放样	对选择的多个截面轮廓按某条中心线变化	单击放样工具后,单击鼠标右键,从弹出的快捷菜单中选择"中心线"命令,或选择"放样"对话框"曲线"选项卡的"中心线"单选按钮,选择二维或三维曲线来用做中心线
面积放样	对放样过程中指定截面的面积进行控制	单击放样工具后选择"面积放样",用户需首先选择一条二维或三维曲线作为中心线;然后在"截面"列表框中单击"单击以添加",在用户图形区域沿中心线将指示器移动到采样点位置,最后单击添加面积控制点

3.6 加强筋

3.6.1 加强筋概述

加强筋是一种特殊的结构,是铸件、塑胶件等不可或缺的设计结构。在结构设计过程中可能出现结构体悬出面过大或跨度过大的情况。在这种情况下,如果结构面本身与连接面能承受的负荷有限,则在两结合面体的公共垂直面上增加一块加强板,俗称加强筋,以增加结合面的强度。例如,厂房钢结构的立柱与横梁结合处,或是铸铁件的两垂直浇铸面上通常都会设有加强筋。在塑料零件中,它们也常常用来提高刚性和防止弯曲。

加强筋的厚度可垂直于草图平面,并在草图的平行方向上延伸材料。加强筋的厚度也可平行于草图,并在草图平面的垂自方向上延伸材料。网状加强筋可提供一系列相交的薄壁支承。但是,必须使用开放或闭合的截面轮廓定义加强筋或腹板的截面。用户可以将截面轮廓延伸与至下一个面相交。另外,还可以定义它的方向(以指定加强筋或腹板的形状)和厚度。用户可以向腹板添加拔模或凸柱特征。若要创建网状加强筋或者在草图中指定多个相交或不相交的截面轮廓。整个网状腹板将应用相同的厚度和拔模斜度。

3.6.2 加强筋对话框

在功能区的"三维造型"选项卡的"创建"组中选择"加强筋"命令,弹出"加强筋"对话框,如图 3－13 所示。

图 3－13　加强筋命令对话框

通过此对话框可以设定加强筋的轮廓、加强方向、厚度等相关参数。用户可以延伸截面轮廓使其与下一个面相交,即使截面轮廓与零件不相交,也可以指定一个深度。还可以定义它的方向(以指定加强筋或腹板的形状)和厚度,由于加强筋的成型工艺多采用铸造形成,很多情况下,需要沿产品的出模方向对加强筋施加拔模角,使之易于出模。

(1)截面轮廓

创建加强筋时,常使用一个开放截面轮廓定义加强筋或腹板的形状,或者选择多个相交或不相交的截面轮廓来定义网状加强筋或腹板对于加强筋特征。

在这里需要注意的是,选择多条截面轮廓创建加强筋,并非是对选择单条截面轮廓创建加强筋特征简单的累加。有时选择多个截面轮廓所获得的结果可能不是我们想要的,这时可以选择单条轮廓、逐个创建。

（2）延伸截面轮廓

如果截面轮廓的末端不与零件相交,会显示"延伸截面轮廓"复选框。截面轮廓的末端将自动延伸。如果需要,取消选择该复选框,以按照载面轮廓的精确长度创建加强筋和腹板。

（3）创建方式

到表面或平面:截面轮廓被投影到下一个面上,将加强筋或腹板终止于下一个面,用于创建封闭的薄壁支撑形状。

有限的:截面轮廓以一个指定的距离投影其深度,用来创建开放的薄壁支撑形状,即腹板。

加强筋厚度:加强筋厚度即指定加强筋或腹板的宽度。

加强筋方向:加强筋厚度即控制加强筋或腹板的加厚方向。在截面轮廓的任意一侧应用厚度,或在截面 轮廓的两侧同等延伸。也可以单击"反向"按钮以指定加强筋厚度的方向。

方向:方向箭头指明加强筋是沿平行于草图图元的方向延伸还是沿垂直的方向延伸以设定加强筋的方向。

锥度:即在"锥度"文本框中为加强筋或腹板输入锥角或拔模值。只有加强筋延伸方向垂直于截面轮廓草图时,此选项才可用。

3.6.3　法兰加强筋操作示例

以法兰基体零件建模为例介绍加强筋操作。

启动软件,单击新建零件按钮,打开特征环境,单击开始创建二维草图按钮,选择 XY 平面,捕捉坐标原点,绘制 3 个直径分别为 100,50,35 的圆,约束它们的位置关系为同心。如图 3 – 14 所示,单击完成草图按钮。

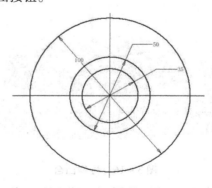

图 3 – 14　法兰基体草图

单击拉伸按钮,选择最外层圆环作为截面轮廓,选择拉伸范围为"距离",输入拉伸距离为 10mm,如图 3 – 15 所示,单击确定。

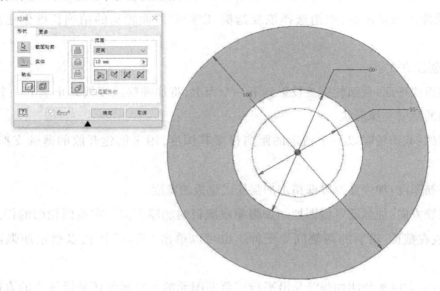

图 3 – 15　拉伸底座基体

展开浏览器中的拉伸特征,在草图工作区单击鼠标右键,选择共享草图选项,将草图 1 由退化状态转化成为退化;单击拉伸按钮,选择第二圈圆环为截面轮廓,求并,选择拉伸范围为"距离",输入拉伸距离为 20mm,如图 3 – 16 所示,单击确定。

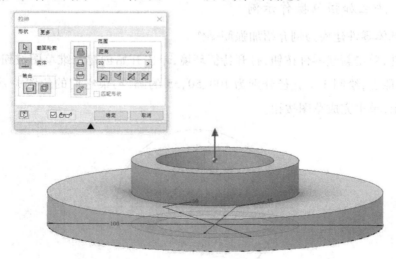

图 3 – 16　拉伸凸台

单击开始创建二维草图按钮,选择 XZ 平面,捕捉圆柱边线端点,绘制如图 3 – 17 所示的直线,单击完成草图。

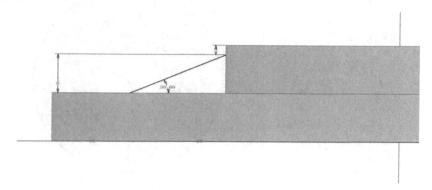

图 3 – 17 创建筋截面

单击加强筋按钮,选择刚刚会在的直线草图为截面轮廓,选择平行于草图平面,厚度为5,成形方式选择到表面或到平面,单击确定,最终效果如图 3 – 18 所示。

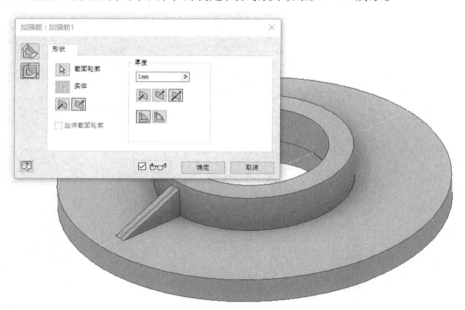

图 3 – 18 创建加强筋

单击环形阵列按钮,选择阵列特征,特征选择加强筋 1,旋转轴选择圆柱面,放置数量设置为 6,角度为 360,方向选择旋转,如图 3 – 19 所示,单击确定。

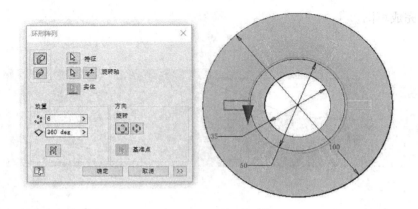

图 3 – 19   创建法兰基体

通过以上操作即可完成法兰盘加强筋建模。

4 特征编辑与放置

4.1 圆角与倒角特征

圆角和倒角特征被广泛地使用在三维模型上。在设计零件时,除了要移除尖锐边缘和减少内应力,有时也为了美观,常常使用圆角特征。它们有多种尺寸和样式。模型设计中常用等半径倒圆,有时为了某些需要也使用变半径倒圆。圆角与倒角的创建方法类似,下面就以倒圆角为例进行说明。圆角工具含有等半径、变半径和过渡三种建模模式。

4.1.1 等半径模式

"圆角"对话框中等半径模式如图 4 – 1 所示。

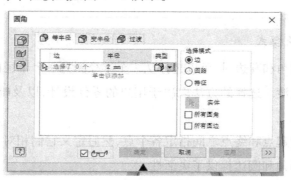

图 4 – 1 圆角工具对话框

边设置:一个边的设置包括一条边和圆角的半径值。

边:显示所选边的数目。箭头图标说明目前处在选择模式,并且可以选择其余的边。

半径:指定每条边所倒角的半径值。尽管每条边都可以设置一个不同的半径,但是它们在一个过程中建立。铅笔符号表示半径值正在编辑。改变模式前无法选择其他边。要删除所选的边,首先在对话框中选择所选的正确模式,然后按住"Ctrl"或"Shift"键选择删除的边。

连续性:软件支持相切(G1)圆角和平滑(G2)圆角。

相切(G1):在棱角的法截面中,圆角结构的截交线使圆弧与棱边两侧的面的交线相切,呈 G1 连续。圆角曲率相同,但在交线处曲率产生突变。

平滑(G2)圆角:在棱边的法截面中,圆角结构的截交线使样条与棱边两侧面的交线具有相同曲率,有更光滑的过渡。呈 G2 连续,圆角处曲率平滑渐变。

如果选用应用相邻面具有连续曲率的平滑（G2）圆角，模型会逐步发生曲率更改，在面之间生成更平滑、更美观的过渡。

单击以添加：在对话框的这个部分建立新的边设置。每一个设置中都有自己独立的半径值。

选择模式：确定哪种边被选择。

边：选择或删除单独的边建立圆角。

回路：在一个面上选择或删除一个封闭的回路。

特征：选择或删除一个特征上所有的边。

实体：选择多实体零件中的参与实体。

所有圆角：选择或删除所有剩余的凹边或拐角。这种模式需要一组独立的边。在部件环境中不可用。

所有圆边：选择或删除所有剩余的凸边和拐角。这种模式需要一组独立的边。在部件环境中不可用。

4.1.2　变半径模式

创建变半径边圆角和圆边时，可以选择从一个半径到另一个半径的平滑过渡，也可以选择半径之间的线性过渡。选择的方法取决于用户的零件设计，以及毗邻零件特征向边过渡的方式。

可以在选定边的起点和终点之间指定各个点，然后定义它们相对于起点的距离和半径。这为创建变半径边圆角和圆边提供了灵活性。

可以构造超过 3 条边相交的特殊圆角应用模型。如果需要，可以为每条相交的边选择不同的半径。

如果要确定现有圆角的半径，可在浏览器中的特征上单击鼠标右键，然后在弹出的快捷菜单中选择"显示尺寸"命令，零件上将显示圆角的半径。

有关面圆角和全圆角的详细信息，请参考"帮助"索引中的圆角特征。"圆角"对话框中的变半径模式。

边：选择一条边进行变半径倒圆。

点：在所选的边上选择起点和终点。

半径：输入所选点上的半径值。

位置：在所选的边上为点选择指定的位置，以起点为基础计算百分比值，例如，0.25 表示点到起点的距离为边长的25%。

平滑半径过渡:选择此复选框使点间的半径逐渐过渡,取消选择此复选框,点间的半径以线性过渡。

4.1.3　过渡模式

"圆角"对话框中的过渡模式具有相似的选项:

顶点:选择所选三边的定点。

最小:允许系统定义给定的顶点允许的最小过渡。可以对相交的每条边指定不同的过渡。提高解析较难的顶点圆角的问题的成功率。

边/过渡:选择每条边,并设置过渡值,这个值指定所选的边到定点的距离。

需要注意的是,在三边交一点的情况下倒圆时,要使用过渡模式。

面圆角:在不需要指定共享边的情况下,在零件两个选定面之间创建圆角。它常用于边不明确或者欲处理的两个面没有共享边的情况下。

面集1:指定包括在要创建圆角的第二个面集中的模型或曲面体的一个或多个相切、连续面。若要添加面,可选择"选择"命令,然后单击图形窗口中的面。"反向"反转在选择曲面时要在其上创建圆角的边。

面集2:指定包括在要创建圆角的第二个面集中的模型或曲面体的一个或多个相切、连续面。若要添加面,可选择"选择"命令,然后单击图形窗口中的面。"反向",反转在选择曲面时要在其上创建圆角的边。

包含相切面:设置面圆角的面选择配置。选择此复选框,以允许圆角在相切面、相邻面上自动继续。取消选择该复选框,能在两个选择的面之间创建圆角。

优化单个选择:做出单个选择后,即自动添加到下一个"选择"命令。对每个面进行多项选择时,需取消选择该复选框。要进行多项选择时,可选择对话框中的下一个"选择"命令,或选择右键菜单中的"继续"命令以完成特定选择。

半径:指定所选面集的圆角半径。要改变半径,可单击该半径值,然后输入新的半径值。面圆角可在两个不接触的面中添加圆角特征。

全圆角:添加与3个相邻面相交的变半径圆角或圆边。中心面由变半径圆角取代。全圆角可用于带帽或圆化外部零件特征,如加强筋。

边面集1:指定与中心面相邻的模型或曲面的一个或多个相切、连续面。若要添加面,可选择"选择"命令,然后单击图形窗口中的面。若要在每个面集中添加多个面,可取消"选择优化单个选择"复选框。

中心面集:指定使用圆角替换的模型或曲面体的一个或多个相切、相邻面。若要添加面,可选择"选择"命令,然后单击图形窗口中的面。

边面集 2：指定与中心面集相邻的模型或曲面体的一个或多个相切、相邻面。若要添加面,可选择"选择"命令,然后单击图形窗口中的面。

包含相切面：用于快速选择面。选择此复选框,以允许圆角在 相切面、相邻面上自动继续。取消选择该复选框,以在两个选择的面之间创建圆角。此选项不会从选择集中添加或删除面。

优化单个选择：做出单个选择后,即自动切换到下一个"选择"命令。进行多项选择时需取消选择该复选框。要进行多项选择时,可选择对话框中的下一个"选择"命令,或选择右键菜单中的"继续"命令以完成特定选择。

4.2 孔特征

孔特征是在当前的几何体上的建立孔,并且是参数化的特征。孔特征建模是利用提供的参考点、草图点或其他参考几何信息创建孔的建模方法。孔特征是一种除料特征,需依附于实体对象。在零件和部件环境下,可以使用孔特征创建各种类型的孔,如沉头孔、倒角孔、沉头平面孔和直孔。同时,它集成了螺纹功能,所以除了创建简单的孔外,还可以创建螺纹孔、管螺纹孔或配合孔,基本可以满足了有关孔的设计要求。

在功能区的"三维造型"选项卡的"修改"组中选择"孔"命令,会弹出"打孔"对话框,如图 4 - 2 所示。通过此对话框,用可以定位孔圆心、孔祥式等相关参数信息。

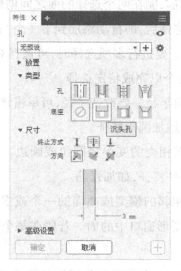

图 4 - 2　孔工具对话框

4.2.1 孔的放置方式

在"打孔"对话框中的"放置"下拉列表框中可选择一个选项。

从草图:如果选择此选项,则可以从草图上选择一个位置打孔。孔可以放置在点/孔心、直线或曲线的终点或投影圆的中心。

孔心:为打孔选择中心点,如果选择此选项,则可以在特征上建立连续的相同的孔。

线性:如果选择此选项,则可以把孔放置在与所选的两边是一定尺寸的地方。

面:选择孔在零件上的放置面。

参考1:选择一条边作为第一个引用。从所选的边到孔的中心放置一个尺寸。这个尺寸可以作为一个标准的参数化的尺寸进行编辑。

参考2: 选择第二条边作为第二个引用。从所选的边到孔的中心放置一个尺寸。这个尺寸可以作为标准的参数化的尺寸进行编辑。

改变翻折侧:如果选择此选项则可以把孔的定位方向定位为所选方向的反向。

同心:如果选择此选项,则可以把孔放置在另一个圆的中心。

平面:选择孔的放置面。

同心引用:选择圆形的边或面放置同心孔.

在点上:如果选择此选项,则可以把孔放置在定位点上。

点:选择放置孔的定位点。

方向:选择一个基准平面、面、边或工作轴来定义孔的方向。如果选择一个基准平面,那么孔的方向为这个面或基准面的法线方向。

根据选定的孔类型提供简单孔、沉头孔、沉头平面孔和倒角孔4种样式。用户可根据孔预览图像指定对应的尺寸。可以单击数值框右侧的按钮,从列表中选择一个值;也可以使用"测量""显示尺寸"或在"容差"对话框中设定容差;还可以在预览图像的参数框中输入值。

直孔:孔与平面齐平,并且具有指定的直径。

沉头孔:孔具有简单的直径、沉头孔直径和沉头孔深度。

沉头平面孔:孔具有指定的直径、沉头平面孔直径和切入深度。

倒角孔:孔具有指定的直径、倒角孔直径和倒角孔深度。

孔底:设置孔底的平底或端部角度。对于端部角度,单击数值框右侧的按钮指定角度,或者在模型上选择几何图元来测量自定义角度或显示尺寸。角度的正方向是以垂直于平面的孔轴的方向逆时针测量的。

终止方式:软件为孔特征提供了3种与拉伸特征类似的终止方式:距离、贯通和到面。

距离:用一个正值来定义孔的深度。深度是沿与平面或工作平面垂直 的方向计算的。

贯通:孔穿透所有实体(贯通模式下孔底样式为灰色,不能选择)。

到:在指定的曲面或平面处终止孔。若要选择要结束孔终止方式的曲面,可以选择该选项以终止延伸面上的特征。

4.2.2　孔类型

简单孔类型:创建不带螺纹的光孔。

配合孔类型:配合孔是不带螺纹的标准孔,它们已被规定公弟以适应特定的紧固件。

相关标准及紧固件类型:从列表中选择紧固件的标准。随着所选标准的不同,会关联列出不同的"紧固件类型"供选择,但列出的所有标准件类型,并不是都能被一般设计作为正确的结构使用。

孔的深度:作为与螺钉、螺栓的"配合孔",绝不会有不贯穿的可能性。所以要将默认的"终止方式"由"距离"设置成为"贯通"。

配合方式:需要将现有的模式与设计需要的模式对应。

公差设置:"打孔"对话框中所有的尺寸输入框都能设置公差,但光孔一般不必设置。

4.2.3　圆柱螺纹孔

螺纹类型:展开类型下拉列表,选择标准和类型。

大小:螺纹孔的公称直径。

规格:选择螺距。每个公称尺寸都可能有一个或多个可用的螺距。

精度等级:螺纹选择配合的精度系列。

直径:指在攻螺纹前孔径的大小。这个数据值只能在"文档设置"中进行更改,孔直径是基于文档设置中的设置值的。方法是在"工具"选项卡的"选项"组中选择

方向:设置螺纹的旋向,默认为右旋。

4.2.4　管螺纹孔

螺纹类型:单击下三角按钮,在弹出的下拉列表框中选择螺纹特征。

大小:锥管螺纹的公称尺寸。

规格:根据尺寸和螺纹特征确定锥管螺纹的螺纹规格。

直径:显示此孔特征使用的直径类型的值。该值只能在"文档设置"中进行更改。

方向:指定锥管螺纹旋转的方向,默认为右旋。

4.2.5　法兰螺纹孔创建操作示例

启动软件,打开3.6节所创建的法兰基体。单击开始创建二维草图按钮,选择法兰基体

下圆柱上表面,如图4-3所示。

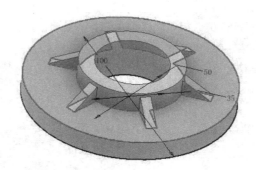

图4-3 旋转圆柱上表面

单击"点"按钮,在平面上任意单击一点,单击尺寸按钮,选择圆心与刚刚创建的点,输入距离为40,回车,如图4-4所示。单击完成草图按钮。

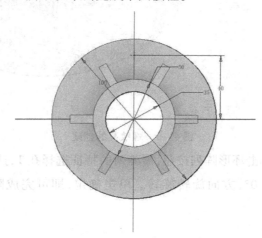

图4-4 创建点

单击"孔"按钮,选择刚刚创建的点的位置 > 孔类型选择螺纹孔 > 底座选择倒角孔 > 类型选择 GB Metric profile > 尺寸为5 > 规格为 M5 > 类型为6H > 方向右旋 > 全螺纹 > 终止方式为贯通 > 倒角孔直径为10。如图4-5所示。

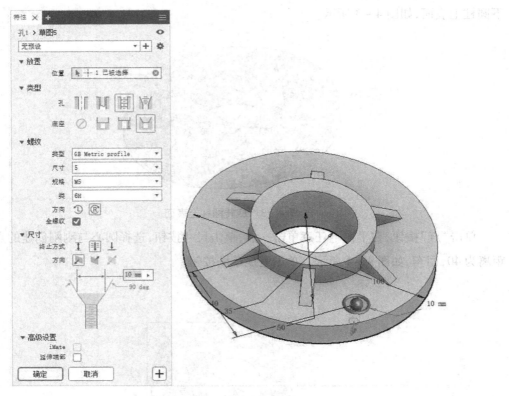

图 4 - 5   螺纹孔的创建

单击确定,并继续单击环形阵列按钮,需阵列的特征选择孔 1,选择轴选择圆柱面,放置数量为 6,阵列角度为 360°,方向旋转旋转。单击确定,即可完成阵列孔建模,如图 4 - 6 所示。

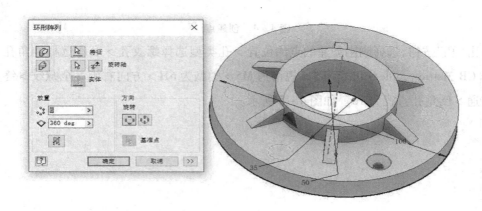

图 4 - 6   阵列螺纹孔特征

单击确定,保存零件为法兰,于是完成法兰螺纹孔建模。

4.3　抽壳

　　抽壳是参数化特征,具体是通过移除零件的一个或多个面,挖空实体的内部,只留下一个指定壁厚(均等或不均等)的壳体。抽壳常用于铸件和模具。当为零件创建抽壳时,在此之前添加到实休上的所有特征都会受到影响,因此,使用抽壳特征时要特别注意特征的顺序。

　　抽壳特征位于"三维模型"选项卡的"修改"组中,单击"抽壳"按钮,弹出"抽壳"对话框,如图4-7所示。在此对话框中用户可以设置开口面、抽壳厚度及方向的信息,以便进行抽空建模操作。

图4-7　抽壳工具对话框

　　开口面:也叫移除面,用于选择要删除的零件面,保留剩余的面作为壳壁,选定面被去除。厚度应用到其余的面以创建壳壁。

　　需要注意的是,若要定义抽壳,可以指定要从一个或多个实体去除的一个或多个零件面,保留剩余的面作为壳壁。如果没有指定要去除的面,抽壳将创建一个中空零件。

　　方向:指定相对于零件面的抽壳边界。当选择内向时,向零件内壁偏移壳壁,原始零件的外壁成为壳体的外壁。反之,向零件外部偏移壳壁,原始零件的外壁成为壳体的内壁。选择双向,则向零件内部和外部以相同距离偏移壳壁,零件的厚度将增加壳体厚度的一半。

　　厚度:指定要均匀应用到壳壁的厚度。在选择要删除的零件时,未被选中的零件曲面将成为壳壁。

　　非均匀厚壁:用户可以忽略默认厚度,而选定的壁面应用其他厚度。在对话框中单击"单击以添加",然后选择面,并给该面上的壳壁设置不同的厚度。

　　自动链选面:启用或禁用自动选择多个相切、连续面.默认设置为开启的。取消选择以允许选择各个相切面。

允许近似值：如果不存在精确方式，在计算抽壳特征时，允许与指定的厚度有偏差。精确方式可以创建抽壳，该抽壳中，原始曲面上的每一点在抽壳曲面上都具有对应点。这两点之间的距离就是指定的厚度。选择是否允许使用近似方式，然后单击下三角按钮，在弹出的下拉列表框中选择偏异类型。单击以选择一个计算选项。

平均：将偏差分为近似指定的厚度。

不要过薄：保留最小厚度，偏差必须大于指定的厚度。

不要过厚：保留最大厚度，偏差必须小于指定的厚度。

已优化：使用可以花费最短计算时间的公差进行计算。

指定公差：使用指定的公差进行计算，可能需要相当长的计算时间。

4.4　阵列

在构建模型的时候，经常会遇到同一个零件上包含了多个相同的特征或实体，且这些特征或实体在零件中的位置有一定的规律。为例方便用户操作，软件提供了"阵列"系列特征工具来简化用户创建相同特征的工作量，避免不必要的重复操作。阵列工具需要参考几何图元来定义阵列。使用"矩形阵列""环形阵列""草图驱动阵列"和"镜像特征"工具可以创建阵列特征，也可以设置阵列中引用的数量、引用间的角度间隔及重复的方向。

4.4.1　矩形阵列

"矩形阵列"工具可复制特征或实体并按矩形阵列样式排列结果（沿路径或从原始特征的两个方向）。单击"三维模型"选项卡 > "阵列"面板 > "矩形阵列"。弹出矩形阵列对话框，如图 4-8 所示。

图 4-8　矩形阵列对话框

（1）矩阵阵列对话框

在"矩形阵列"对话框中,指定要阵列的对象:

阵列各个特征:形成各个实体特征、定位特征和曲面特征阵列。无法形成部件定位特征阵列。

阵列实体:形成实体阵列,包括不能单独形成阵列的特征。也可以包括定位特征和曲面特征。在部件中不可用。在图形窗口或浏览器中,选择要在阵列中包含的一个或多个特征或实体。对于零件,还可以选择要包含在阵列中的定位特征和曲面特征。在多实体零件中,使用"实体"选择器 选择接收阵列的实体。

（2）对齐阵列选定特征

路径:选择要在其中添加引用的方向。方向箭头的起点位于选择点。路径可以是二维或三维直线、圆弧、样条曲线、修剪的椭圆或边。路径可以是开放回路,也可以是闭合回路。

反向:反转引用的方向。如果选择"中间面"并且引用数量为偶数,则指示获取额外引用的一侧。

中间面:创建一个阵列,从中可以在原始特征的两侧分布引用。对于矩形阵列,可以为任一方向（"方向1""方向2"）单独使用中间面。

数量:指定列或线性路径中引用的数量。

长度:指定引用之间的间距或距离,或者列或行跨越的距离。可以输入负值来创建相反方向的阵列。

指定长度测量方式:列或行的总距离、引用之间的间距大小或者完全配合选定曲线的长度。

（3）阵列实体选择操作

求并:将阵列附着到选定的实体上。形成单个、统一的实体阵列。

新建实体:创建包含多个独立实体的阵列。

更多:单击"更多"以设置起点的方向、计算方法和阵列特征的方向。

开始:设置两个方向上的第一个引用的起点。如果需要,阵列可以任何一个可选择的点为起点。单击"开始",然后单击路径上的一点以指定一列或两列的起点。如果路径是封闭回路,则需要一个起点。

优化:通过阵列特征面创建与选定特征完全相同的副本。"优化"是最快的计算方法,限制为无法创建重叠引用或与不同于原始特征面的面相交的引用。如果可能,可加快阵列计算速度。

完全相同:通过复制原始特征的结果来创建选定特征的完全相同副本。不能使用"优化"方法时,可使用此项来获得完全相同的特征。

调整:通过阵列特征并分别计算每个阵列引用的范围或终止方式,创建可能不同的选定特征的副本。对于具有大量引用的阵列,计算时间可能会延长。

方向 :"完全相同"。阵列中每个引用的定向方式都与选定的第一个特征的定向方式相同。"方向 1"或"方向 2"。指定哪个方向控制阵列特征的位置。对每个引用进行旋转,使其根据所选的第一个特征将方向保持为路径的二维相切矢量。角度随该阵列中的每个引用而增大。要获得最佳结果,请将第一个引用置于路径的起点。

4.4.2　环形阵列

"环形阵列"命令可将选定特征或实体的引用排列为圆弧或环形阵列。该命令可复制一个或多个特征或实体,然后以圆弧或圆形样式按特定的数量和间距排列生成的引用。

单击"三维模型"选项卡 > "阵列"面板 > "环形阵列"。弹出环形阵列对话框,如图 4 - 9 所示。

图 4 - 9　环形阵列对话框

(1)环形阵列对话框

阵列各个特征:形成各个实体特征、定位特征和曲面特征阵列。无法形成部件定位特征阵列。

阵列实体:形成实体阵列,包括不能单独形成阵列的特征。也可以包括定位特征和曲面特征。在部件中不可用。

在图形窗口或浏览器中,选择要在阵列中包含的一个或多个特征或实体。对于零件,还可以选择要包含在阵列中的定位特征和曲面特征。在多实体零件中,使用"实体"选择器选择接收阵列的实体。通过单击"旋转轴"选择器并选择引用应绕其重复的轴(角的轴心点)。轴可以在与阵列特征不同的平面上。单击"反向"可反转阵列的方向。

（2）指定放置选项

数量:指定阵列中引用的数目。

角度:引用之间的角度间距取决于放置方法。如果选择"增量"放置方式,此角度指定了两个引用之间的角度间隔。如果选择"范围"放置方法,则角度指定了阵列所占用的总面积。输入负值以在相反方向创建阵列。

中间面:在原始特征(通常在居中位置创建)的两侧分布特征引用。

如果阵列实体,请选择操作:

求并:将阵列附着到选定的实体上。形成单个、统一的实体阵列。

新建实体:创建包含多个独立实体的阵列。

选择以下"方向"选项之一:

如果希望实体或特征集在绕轴移动时更改方向,请选择"旋转"。

如果希望实体或特征集在绕轴移动时其方向与父选择集相同,请选择"固定"。

（3）特征创建与放置方法

优化:通过阵列特征面创建与选定特征完全相同的副本。

完全相同:通过复制原始特征的结果来创建选定特征的完全相同副本。不能使用"优化"方法时,可使用此项来获得完全相同的特征。

调整:通过阵列特征并分别计算每个阵列引用的范围或终止方式,创建可能不同的选定特征的副本。对于具有大量引用的阵列,计算时间可能会延长。通过使阵列引用可以根据特征范围或终止条件(例如终止于模型面上的特征)进行调整,来保留设计意图。不适用于处于开放或表面状态的实体零件实体的阵列。

增量:定义特征之间的间距。首先指定阵列中引用的数量和角度。阵列占用的总面积已被计算出来。

范围:使用角度定义阵列特征占用的总区域。

4.4.3 草图驱动阵列

（1）特征功能作用

"草图驱动的阵列"命令可以将特征或实体的引用排列在二维或三维草图点上。该命令可复制一个或多个特征或实体,然后以草图点定义的阵列样式排列生成的引用。

在模型上的二维或三维草图中创建草图点,然后以所需的阵列样式排列这些点。

单击"三维模型"选项卡 > "阵列"面板 > "草图驱动",弹出草图驱动阵列对话框,如图4-10所示。

图 4-10　草图驱动阵列

（2）对话框

在"草图驱动的阵列"对话框中，指定以阵列样式排列的对象。

阵列各个特征：形成各个实体特征、定位特征和曲面特征阵列。无法形成部件定位特征阵列。

阵列实体：形成实体阵列，包括不能单独形成阵列的特征。也可以包括定位特征和曲面特征。

在图形窗口或浏览器中，选择要在阵列中包含的一个或多个特征或实体。对于零件，还可以选择要包含在阵列中的定位特征和曲面特征。

在多实体零件中，使用"实体"选择器 选择接收阵列的实体。

如果有多个草图或草图不可见，请选择要使用的草图。

（3）创建方法

优化：通过阵列特征面的创建与选定特征完全相同的副本。"优化"是最快的计算方法，限制为无法创建重叠引用或与不同于原始特征面的面相交的引用。如果可能，可加快阵列计算速度。

完全相同：通过复制原始特征的结果来创建选定特征的完全相同副本。不能使用"优化"方法时，可使用此项来获得完全相同的特征。

调整：通过阵列特征并分别计算每个阵列引用的范围或终止方式，创建可能不同的选定特征的副本。对于具有大量引用的阵列，计算时间可能会延长。通过使阵列引用可以根据特征范围或终止条件（例如终止于模型面上的特征）进行调整，来保留设计意图。

4.4.4　镜像阵列

"镜像"命令可在平面中相等距离位置，创建一个或多个特征、整个实体或新实体的反向副本。使用工作平面作为镜像平面的现有平面。在零件文件中，单击"三维模型"选项卡 ＞ "阵列"面板 ＞ "镜像"。弹出镜像对话框，如图 4-11 所示。

图 4-11　镜像对话框

在"镜像"对话框中,指定要镜像的对象。

镜像特征:选择要镜像的实体特征、定位特征和曲面特征。如果所选特征带有从属特征,则它们也将被自动选中。

镜像实体:选择零件实体。

实体选择操作允许您在选择中选择性地包含定位特征和曲面特征。可以在图形窗口或浏览器中,选择要镜像的特征。

在"镜像"对话框中,单击"镜像平面",然后选择要用作镜像平面的工作平面或平面。在多实体零件中,选择"实体",然后选择实体来接收镜像特征。如果要镜像实体,请选择操作,并确定是否需要删除原始实体:

求并:将特征合并到选定实体中。

新建实体:在多实体零件中创建实体。

删除原始特征:删除原始实体。零件文件中仅保留镜像引用。用于对零件的左侧和右侧版本进行造型。

单击"更多"》可以指定镜像特征的计算方式。

优化:通过镜像特征面来创建选定特征的完全相同副本。"优化"是最快的计算方法,但是存在一些限制,例如,无法创建重叠引用或与不同于原始特征面的面相交的引用。加快镜像的计算速度。

完全相同:通过复制原始特征的结果来创建选定特征的完全相同副本。不能使用优化方法时,可使用"完全相同"来获得完全相同的特征。计算速度比使用"调整"方法快。

调整:通过镜像特征并分别计算每个镜像引用的范围或终止方式,来创建可能不同的选定特征的副本。具有大量引用的阵列,计算时间可能会延长。通过使镜像引用可以根据特征范围或终止条件(例如终止于模型面上的镜像特征)进行调整,来保留设计意图。不适用于处于开放或表面状态的实体零件实体的镜像。

4.5 基准特征

4.5.1 工作平面

工作平面是沿一个平面的所有方向无限延伸的平面,与默认的基准平面 YZ、XZ 和 XY 平面类似。但是,也可以根据需要创建工作平面,并使用现有特征、平面、轴或点来定位工作平面。

使用工作平面可以执行以下操作:在没有可用于创建二维略图特征的零件面时创建平面图平面;创建工作轴和工作点,为拉伸提供终止参考;为装配约束提供参考;为工程图尺寸提供参考;为三维草图提供参考;投影到二维草图以创建截面轮廓几何图元或参考的曲线。

创建工作平面。确定平面的法向和经过的点就可以完全确定工作平面的空间位置。根据提供平面法向和经过点的几何要素不同,创建工作平面的方法也不同,如图 4-12 所示。

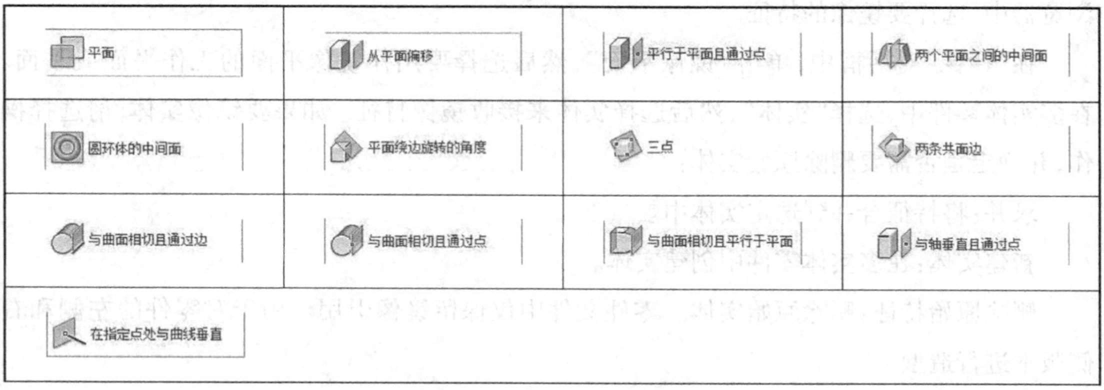

平面	从平面偏移	平行于平面且通过点	两个平面之间的中间面
圆环体的中间面	平面绕边旋转的角度	三点	两条共面边
与曲面相切且通过边	与曲面相切且通过点	与曲面相切且平行于平面	与轴垂直且通过点
在指定点处与曲线垂直			

图 4-12 工作平面的创建方式

4.5.2 工作轴

工作轴也是一个重要的参考几何。虽然工作轴在用户区域大小表现为"可调节",它实际上没有长度。在零件中,工作轴常用于生成工作平面的定位参考,或者作为圆周阵列的中心。在装配环境下,工作轴可用于配合。在工程图中,使用工作轴来标记自动中心线和中心标记位置。

工作轴的创建方法。创建工作轴,实际上是确定工作轴的空间位置。与工作平面类似,用户通过选择输入几何来创建工作轴,而无须在输入参数的对话框中操作。如果要创建工作轴,则在功能区的"模型"选项卡的"定位特征"组中选择"轴"命令。

4.5.3 工作点

工作点定位特征是抽象的构造几何图元,常用来标记轴和阵列中心、定义坐标系或工作平面、定义三维路径、固定位置和形状等。与三维草图中的点相比,工作点不隶属于任何草图,但可能因为引用草图几何的原因,其与草图有一定的引用关系。相比二维草图点,用户无法直接输入坐标创建工作点,一种解决方案是,用户在三维草图环境下可以利用"精确输入"对话框创建三维坐标点。

工作点的创建。要创建工作点,则在功能区的"三维模型"选项卡的"定位特征"组中选择"点"命令。软件根据输入几何的不同,提供多种方式用于创建工作点,传统创建工作点方法几乎适合所有可创建工作点的场合。创建工作点,主要是确定它的空间位置。在三维坐标不明朗的情况下,用户可以灵活运用点、线和面之间的几何关系创建符合要求的工作点。

4.5.4 用户坐标系

用户坐标系(UCS)特征是定位特征的集合(3 个工作平面、3 个轴和 1 个中心点)。与软件内置的坐标系不同,在文档中允许有多个 UCS. 并且可以有区别地放置并重定向它们。

使用用户坐标系,可以在三维模型空间移动和重新定向体系,以简化工作。用户坐标系的定位特征用来放置草图和特征。使用自定义的用户坐标系进行简化测量。

用户坐标系的创建。用户坐标系的创建其实就是确定新坐标的位置。坐标位置的确定有以下几种方法:

1)指定新原点(一个点)、新 X 轴(两个点)或新 XY 平面(三个点)。在零件环境下,可以使用多种输入作为用户坐标系的原点或确定 X/Y/Z 轴的辅助点。常用的点有实体边的顶点、实体边的中点、草图和工作点。

2)通过选择三维实体对象上的面来创建 UCS。可以在面或实体的边上选择。

3)沿其 3 个主轴中的任意一个轴旋转当前 UCS。

5   装配模型创建与编辑

5.1   装配建模基础

5.1.1   模型装配基础

通过软件可以创建一个装配体文件来进行多个零件或部件的装配。通过装配,可以构成机器整个系统或者某个组件。每一个零件或者部件之间创建的装配约束关系,决定了该零部件的工作状况。这些关系可以有一系列简单的约束组成,从而决定了零部件在装配体环境中的位置。也包括高级的自适应关系,即当尺寸变化时,可以让所有自适应关系的零部件自动更新。

创建装配模型之前,需要先了解创建装配体的 3 种方法:自下而上装配、自上而下装配和中间装配。本节主要针对自下而上装配的方法介绍 Inventor 2018 软件的装配功能。

5.1.2   装配环境界面

软件中装配环境与零件建模环境基本相同的,只有部件工具面板不一样,主要增加了部分装配工具。装配环境如图 5 - 1 所示。

图 5 - 1   装配环境

部件工具面板:包含指定装配模型特定的工具。

装配浏览器:列出所有的部件和装配约束,当某个部件被激活用于编辑时,浏览器的功能与建模环境时是一样的。

装配原始坐标系:与零件环境一样,每个装配文件都包含一个独立的装配坐标系,扩展原始折叠文件夹将原始面、原始轴和中心点显示出来。

装配的零部件:装配中的每个零部件都会被列出来,展开零部件将已经被应用的装配约束显示出来。

3D 指示器:显示当前的视民与装配坐标系关联的方位。每个装配件都包含一个独立的装配坐标系,在装配中默认坐标系为 $(0,0,0)$,建立装配时装配坐标系需要经常使用。当装入第一个零部件到装配中时,零部件的原始坐标点会与装配中原始坐标点重合。

5.1.3　部件工具面板

部件工具面板与零件特征工具面板相似,部件工具面板包含指定装配模型的工具。创建三维模型的时候,基于应用的状况,工具面板可以自动在装配、零件与草图之间的切换。注意每一个下拉按钮,单击这些按钮将启动相关的面板工具,如图 5 - 2 所示。

图 5 - 2　部件工具面板

5.2　零件装配

创建装配件时,将在装配模型中导入零件的几何模型,即对零件或部件进行虚拟装配。这些几何模型可以是由单独的零件装配的。

5.2.1　装入零部件

部件装配在装配环境下完成。新建一个装配体文件,打开装配体环境窗口。如图 5 - 3 所示。

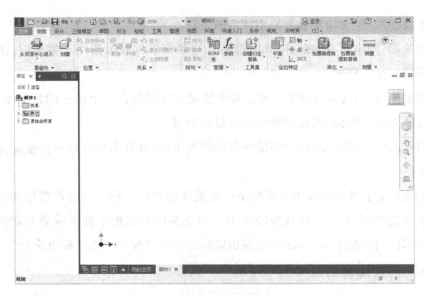

图 5 - 3　装配体环境窗口

在"装配"面板上单击"放置"按钮,或在右键快捷菜单中选择"装入零部件"按钮,即可打开"装入零部件"对话框,如图 5 - 4 所示。选定要装入的零部件后单击"打开"按钮,零部件即被添加进来。如需放置多个相同的零件,边移动光标边单击即可,右击在快捷菜单栏中选择"完毕"按钮。

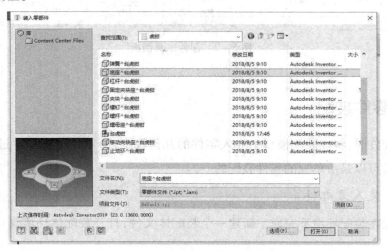

图 5 - 4　选择装配零件对话框

首个装入的零件被默认设置为固定件。若取消固定,只需将光标放置在该零件上右击,在快捷菜单栏上去掉"固定"按钮的勾选即可,需要固定的零件可按照此操作将零件设为固定件。

非固定的零部件装入后右键快捷菜单栏可对其进行旋转、移动等基本动作以方便装配。若要装入标准件,单击"装配"面板中的"放置"工具下方的三角号,选择单击"从资源中心放置"按钮,打开标准件对话框,如图 5 – 5 所示,选择标准件的类型和规格,单击"确定"按钮,则可以该标准件将导入装配中。

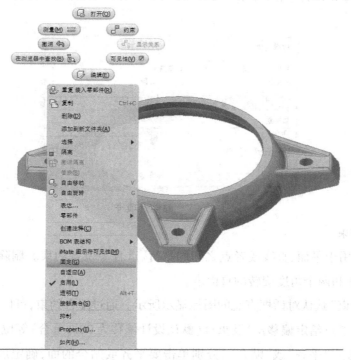

图 5 – 5　右键快捷菜单栏

图 5 – 6　从资源中心放置对话框

5.2.2　添加约束

装配约束是消除两个被选择零部件的自由度,使其相互定位。在"装配"面板中"关系"选项卡下单击"约束"按钮,打开"放置约束"对话框,有部件、运动、过度、约束集合四个选项。下面主要介绍"部件"选项卡和"运动"选项卡中的约束功能。"部件"选项卡如图 5－7所示。

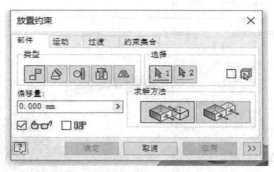

图 5－7　部件选项卡

（1）配合约束

几何关系:用于平面、直线或者点之间的平行、重合等位置约束。删除平面之间的一个线性平移自由度和两个角度旋转的自由度。

如"放置约束"默认对话框直观的图标显示所示。通过配合约束,可以实现平面、直线或点之间的平行(通过给定偏移量)及重合(默认设计偏移为 0,即重合)等位置约束。

如果选择方式"平齐"或"贴合",分别单击要平齐或贴合的面,确定后即可实现平齐或贴合的装配效果,如需偏置或不接触,只需给定偏移量数值。配合约束亦可实现点与点、点与线、线与线间的配合。

（2）角度约束

几何关系:平面或直线之间的角度位置约束。删除平面之间的一个旋转自由度或两个角度旋转自由度。

单击图中的"角度"工具打开图 5－8 所示的对话框,实现平面或直线间的角度位置约束。

角度约束中最常用的是"定向角度"选项 。如想使其与侧面平行或成任意角度,只需在"角度"复选框中输入角度值即可。

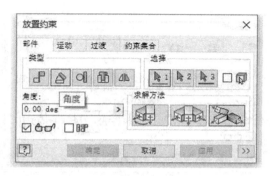

图 5-8　角度约束

（3）相切约束

几何关系：面或者面与线之间的相切位置约束。

单击图 5-9 中的"相切"工具，打开图所示的对话框，有内、外切两种装配方式。选定两个零件上的面，一个是平面，另一个是曲面或都是曲面（柱面、锥面、球面、环面），若相切基础上还有距离，应在"偏移值"中显示距离值。

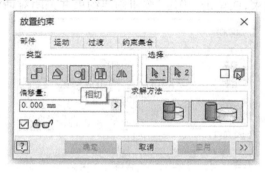

图 5-9　相切约束

（4）插入约束

几何关系：插入是平面之间的面对配合约束和两个零部件的轴之间的配合约束的组合，旋转自由度保持将打开。插入约束使一个零部件上的环形边与另一个零部件上的环形边同心且共面。其偏移值是包含圆形边的两个面之间的距离。

选择图 5-10 中的"插入"工具，打开图所示的对话框。插入约束是面与面配之轴线配合的组合，只保留一个旋转自由度，轴的方向可通过"方式"选择来控制。插入适合于螺栓等标准件装配。分别选择两个配合零件上的圆实现其所一合及所在回转面轴线的重合。

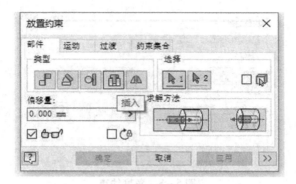

图 5 - 10   插入约束

（5）对称约束

几何关系：对称约束根据平面或平整面对称地放置两个对象。

单击图中的"对称"工具,打开如图 5 - 11 所示的对话框,第一次选择要约束的几何图元,"第二次选择"按钮将被激活,选择要约束的第二个几何图元,然后选择对称平面,单击"应用"按钮继续放置约束,或单击"确定"按钮创建约束并关闭对话框。

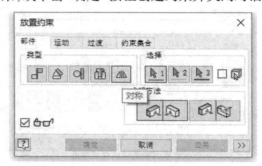

图 5 - 11   对称约束

5.2.3   运动选项

此选项卡主要用来描述两个对象之间的对相运动关系。如图 5 - 12 所示。

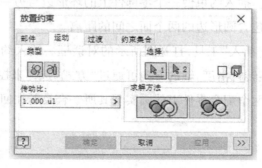

图 5 - 12   运动选项卡

转动：表达两者相对转动的运动关系，比如常见的齿轮副。

转动平动：相对运动的一方是转动，另一方是平动，如常见的齿轮齿条的运动关系。

转向：两者相对转动的方向，可以相同，比如一副皮带轮；两者相对转动的方向也可相反，比如典型的齿轮副。

传动比：用于模拟两个对象之间不同转速的情况。

"运动"选项卡只是用来表达两者相对的运动关系，因此不要求两者有具体的几何表达，如接触等。因此用常用的相对运动来表达设计意图是非常方便的。运动束约显示在浏览器中. 当单击或在浏览器项目上移动鼠标指针时，被约束零部件在图形窗口亮显。"驱动约束"命令不可用于运动约束。但是，可根据指定的方向和传动比间接驱动运动约束所约束的零件。

5.2.4 装配操作示例

下面以典型零件——"台虎钳"装配为例进行装配体建模操作示例。

1)打开"新建文件"对话框，如图 5 - 13 所示。选择"Standard. iam"，单击"创建"按钮，创建装配体文件。

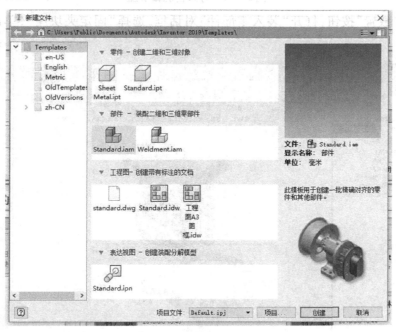

图 5 - 13 新建文件对话框

2)单击"装配"面板下放置按钮，打开"装入零部件"对话框，选择虎钳装配文件夹中的"底座"零件，单击打开。

　　将"底座"拖入装配体环境,在任意位置单击后按键盘"ESC"键,可以适当调整零件的位置。如图 5 – 14 所示。一般选择固定零件的基本安装或者工作位置为基础位置。

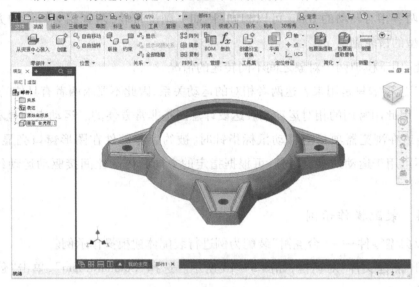

图 5 – 14　导入台虎钳底座

　　3)单击"放置"按钮,打开"装入零部件"对话框,选择"固定夹块座",单击打开,如图 5 – 15所示。

图 5 – 15　导入固定夹块座

4）单击"约束"按钮，选择"插入"命令，分别选择两个零件上需要配合的两条圆边线。如图5-16所示，单击"确定"按钮。

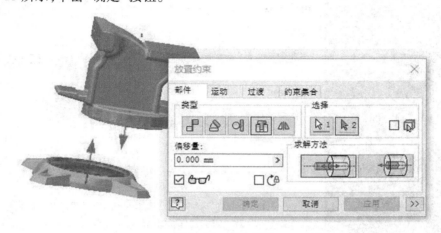

图5-16　插入配合

5）单击"放置"按钮，选择"止动环"并导入，如图5-17所示。

图5-17　导入止动环

6）单击"联接"选项卡，在"自动"按钮下拉的菜单栏中选择"圆柱"按钮，适当旋转视图，选择止动环上的圆孔，如图5-18所示，单击确定，再适当旋转视图，选择固定夹块座上的圆孔，如图5-19所示，单击确定。操作结果是使两个圆孔同轴心。

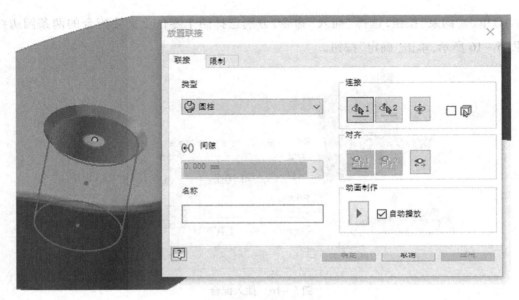

图 5 – 18　圆孔 1 选择

图 5 – 19　圆孔 2 选择

7)适当调整视图,选择"约束"选项卡下的"插入"工具,分别选择止动环和固定夹块座上的两条圆边线进行配合。单击"确定"按钮完成配合,如图 5 – 20 所示。

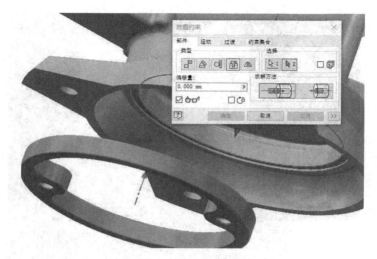

图 5 - 20　插入配合

8）单击"放置"按钮,选择"螺母座"并导入,如图 5 - 21 所示。

图 5 - 21　导入螺母座

9）适当调整视图,选择"约束"选项卡下的"插入"工具,分别选择螺母座和底座上的两条圆边线进行配合。如图 5 - 22 所示,单击"确定"按钮完成配合。

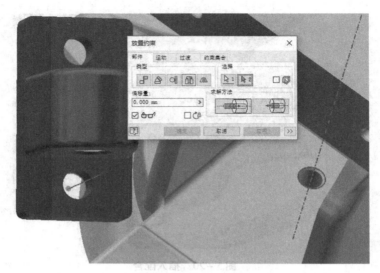

图 5 - 22　插入配合

10)适当调整视图,继续选择"约束"选项卡下的"插入"工具,分别选择螺母座和底座上的另外两条圆边线进行配合。如图 5 - 23 所示,单击"确定"按钮完成配合。

图 5 - 23　插入配合

11)单击"放置"按钮,选择"移动夹座块"并导入,如图 5 - 24 所示。

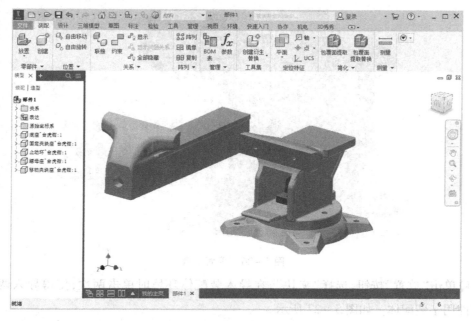

图 5 - 24　导入移动夹座块

12）单击"约束"按钮，使用"配合"工具，分别选择移动夹座块和固定夹座上的两个平面，如图 5 - 25 所示，单击"应用"以完成配合。

图 5 - 25　平面配合

13）继续是配合操作命令，适当调整视图，分别选择移动夹座块和固定夹座块上的另外两个平面，如图 5 - 26 所示，单击"确定"以完成配合。

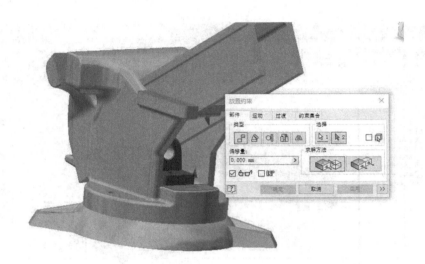

图 5 – 26   平面配合

14）单击"放置"按钮，选择"夹块"，在导入装配体环境时单击两次，使得导入两个"夹块"零件用于装配体。如图 5 – 27 所示。

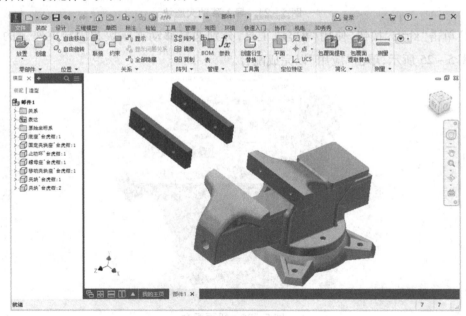

图 5 – 27   夹块导入

15）选择"插入"工具，将两块夹块上的两个圆孔，分别与移动夹座块和固定夹座上的两个圆孔进行配合，配合结果如图 5 – 28 所示。

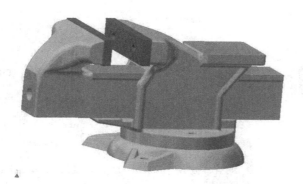

图 5 - 28　夹块配合

16）单击"放置"按钮，选择"弹簧"并导入，如图 5 - 29 所示。

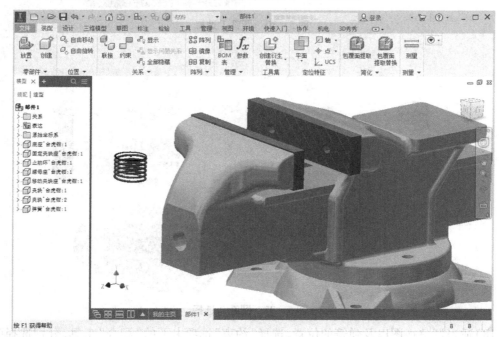

图 5 - 29　导入弹簧

17）单击"联接"选项卡，在"自动"按钮下拉的菜单栏中选择"圆柱"按钮，适当旋转视图，选择弹簧的圆孔，单击确定，再适当旋转视图，选择移动夹块座上的圆孔，如图 5 - 30 和图 5 - 31 所示，单击确定。

图 5 – 30　圆孔 1 选择

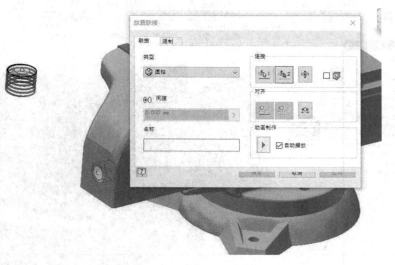

图 5 – 31　圆孔 2 选择

18)适当调整视图以及弹簧的位置,选择"约束"选项卡下的"配合"工具,分别选择弹簧的切面和移动夹块座上的指定平面进行配合。如图 5 – 32 所示,单击"确定"按钮完成配合。

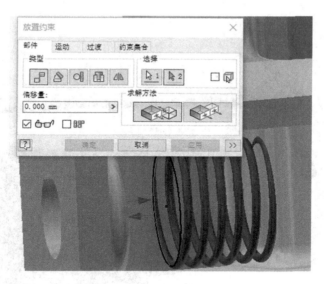

图 5 – 32   平面配合

19）单击"放置"按钮，选择"螺杆"部件并导入，如图 5 – 33 所示。

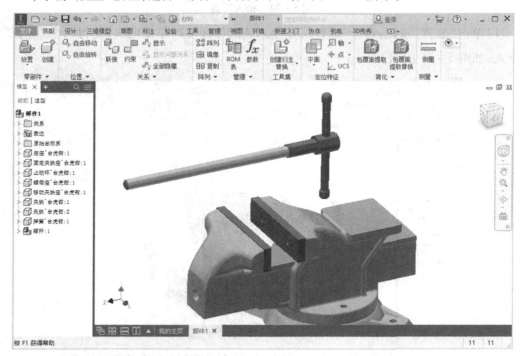

图 5 – 33   螺杆导入

20）适当调整视图，选择"约束"选项卡下的"插入"工具，分别选择螺杆和移动夹块座上的两条圆边线进行配合。如图 5 – 34 所示，单击"确定"按钮完成配合。

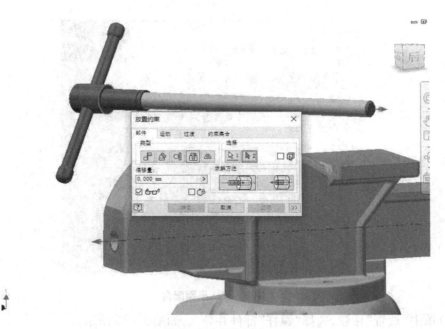

图 5 – 34　插入配合

21）单击"放置"按钮，选择"螺钉"，在导入装配体环境时单击两次，使得两个"螺钉"零件导入，如图 5 – 35 所示。

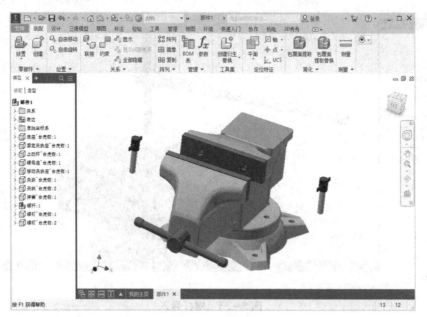

图 5 – 35　螺钉导入

22）选择"插入"工具，将两个螺钉的两条圆边线，分别与固定夹座块上的两条圆边线进行配合,配合结果如图5-36所示。

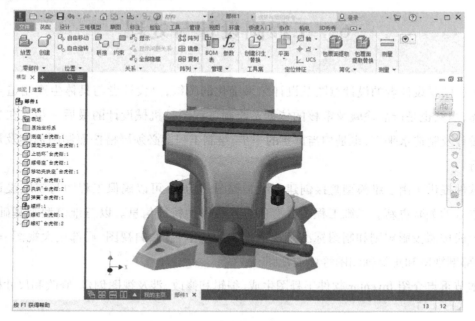

图5-36 螺钉配合

23)至此,台虎钳已装配完毕,保存装配文件,将文件命名为"台虎钳"并保存。

6　工程图设计与处理

　　工程图是设计者的设计意图及设计结果细化的图纸,是设计者与具体生产制造者交流的载体,当然也是产品检验及审核的依据。绘制工程图是机械设计的最后一步。在当前的机械设计及制造水平下,也是相当重要的一步,绘制工程图必须严格按照制图标准及规范要求进行。

　　软件提供了由三维模型直接创建二维工程图的功能,可以确保工程图与三维设计模型特征参数的关联更新。二维工程图含有所有三维模型特征信息。以三维模型为基础,可以自动生成按照投影规则和制图标准及规范得到的基本视图、斜视图、局部放大视图、全剖视图、局部剖视图和正等轴测图等标准视图。

　　本节重点介绍 Inventor 软件工程图生成、编辑和修改,涉及视图创建、修改和尺寸标注等操作。

6.1　工程图创建环境

　　在主菜单栏中选择"新建(Ctrl + N)"命令,弹出"新建文件"对话框,在对话框中选定.idw 扩展名的模板,单击"确定"按钮,这样就创建了一个工程图文件,进入了工程图的创建环境。如图 6 - 1 所示 。

6.1.1　图纸选择

　　在工程图创建环境中,开始创建工程图。软件自动加载一个默认大小的图纸。

　　在软件中选择图纸还是比较方便的,默认图纸不合适可以很容易换掉。在工程图环境中右边的浏览器中选中要操作的图纸,右击鼠标,弹出的快捷菜单栏中选择"编辑图纸"按钮。弹出"编辑图纸"对话框,如图 6 - 2 所示,在该对话框中进行相应的设置,设置完成后,单击"确定"按钮结束。

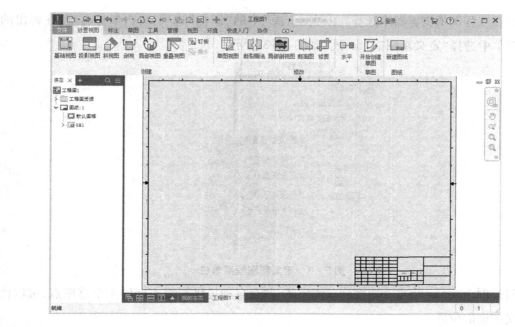

图 6 - 1　工程图环境

图 6 - 2　编辑图纸对话框

6.1.2　定制图框

在开始创建工程图时,软件会自动使用一个默认的图纸,但是图纸的图框可能不满足使用者的要求。Inventor 工程图具有定制图框的功能。

图框定制流程如下:

1)在工程图的浏览器中删除"图纸 1"下面的"默认图框"。

2）在工程图的浏览器中选择"工程图资源"中的"图框"选项，单击鼠标右键，在弹出的快捷菜单中选择"定义新图框"命令。如图 6-3 所示。

图 6-3　定义新图框菜单栏

3）这时 Inventor 将自动切换到草图模式，并会自动提供图纸边框的 4 个草图点，可以借此定义图框的位置。

4）创建图框线，以 A3 带装订边的图纸为例。在草图环境下，采用矩形命令绘制图框，在图框线和 4 个边框草图点之间创建驱动尺寸约束，如图 6-4 所示。

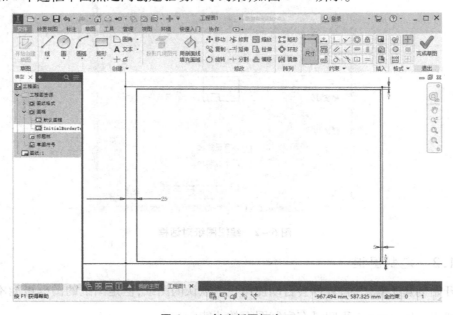

图 6-4　创建新图框窗口

5）定制完成后，单击"完成单图"按钮，给新定义的图框命名为"A3 带装订边"，单击"保存"按钮。

6）在浏览器中的"图框"下，选定定义的新图框，单击鼠标右键，在弹出的快捷菜单中选择"插入"命令，这时看到图纸中的图框就是我们新定义的。

6.1.3　定制标题栏

工程图是设计模型的表达者，标题栏中的数据应该来源于零件模型。因此，想正常使用工程图创建工具，必须重建标题栏，使它的数据处理符合设计需求。基本思路是将标题栏中各项与被表达零件相关的数据信息与三维模型特征关联，即可自动取自参数化零件模型本身，而不必在工程图中另外建立或修改。

1）新建一个工程图。在工程图的浏览器中展开"工程图资源"下的"标题栏"，有 GB1 和 GB2 两个标题栏。如图 6－5 所示。

图 6－5　标题栏菜单栏

2）下面就以一个简化的标题栏来介绍定制标题栏的过程。选定"标题栏"后，单击鼠标右键，在弹出的快捷菜单中选择"定义新标题栏"命令，如图 6－6 所示。这时视图区域直接切换到标题栏的编辑状态。

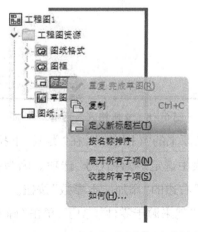

图 6－6　定义新标题栏命令选择

3) 利用草图命令及文本命令创建的标题栏如图 6－7 所示。要注意一点，标题栏外框的线型为粗实线，内部的线型为细实线，可以在绘制完标题栏后，选择直线右键选择“特性”命令对直线的线粗进行更改。

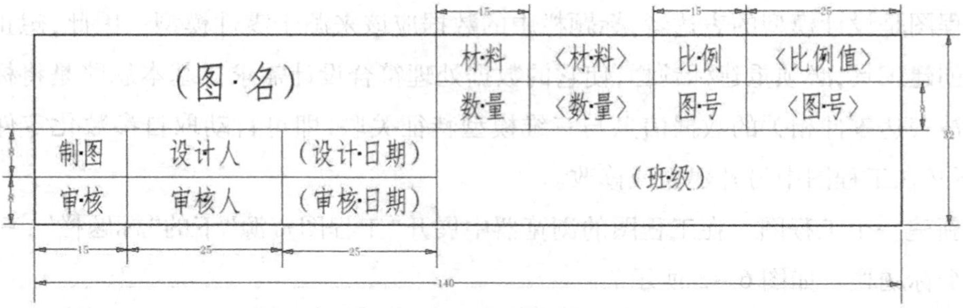

（图·名）
材料
〈材料〉
比例
〈比例值〉
数量
〈数量〉
图号
〈图号〉
制图
设计人
（设计日期）
审核
审核人
（审核日期）
（班级）
15
25
140

图 6－7　练习标题栏创建

4) 在创建完练习标题栏的格式后，下面要对标题栏里面的内容进行属性设置。以“（图名）”为例，双击“（图名）”文本，弹出“文本格式”对话框，如图 6－8 所示。

文本格式
仿宋
75
5.00 mm
特性 － 模型
零件代号
3.123
（图 名）
1
2
3
4
确定
取消

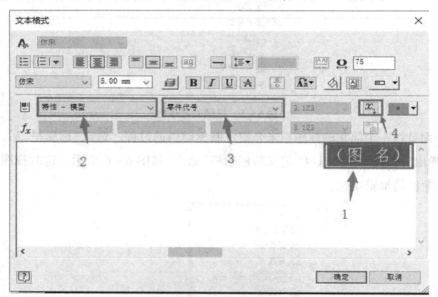

图 6－8　文本格式对话框

5) 在对话框的文本框中删除原来的“（图名）”，在“类型”下拉列表框中选择“特性－模型”选项，然后在“特性”下拉列表中选定“零件代号”选项。因为在 Inventor 软件中，零件的命名就是零件代号。单击“精度”右边的“添加文本参数”按钮。

6) 这时标题栏中的“（图名）”就来源于零件模型了，单击“确定” 按钮。

7) 其他项目例如材料等也按照这样的流程定制。

8)标题栏中的部分内容属性是不需要源于零件模型的,需要根据制图者的需求来进行设置。Inventor软件在定义文本属性时有一项"提醒条目"的功能,这个功能类似于AutoCAD中的块的属性定义。例如标题栏中的图纸比例值,需要设置成"提醒条目"。双击文本中的"比例值",弹出文本格式对话框,框选"比例值",在"特性"下拉列表中选定"提醒条目"选项,单击确定即可,如图6-9所示。

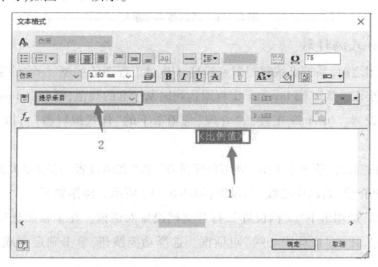

图6-9 文本属性定义为"提醒条目"

文本属性定义为"提醒条目"后,在插入标题栏时,会弹出"提示文本"对话框,使用者需要对应的输入需要的文本,如图6-10和图6-11所示。

图6-10 提醒条目文本输入

基础视图（素材）		材料	HT200	比例	1:1
		数量	1	图号	
制图	小陈	2016.04.08		1601	
审核	田老师	2016.04.10			

图 6 – 11 插入练习标题栏

6.1.4 样式编辑器

在创建视图之前,基于机械制图国家标准,GB 对工程图的线型、标注的字体样式、大小等都有严格的要求。为了使 Inventor 工程图达到国家标准的规范,需要对 Inventor 样式编辑器进行相应的设置。Inventor 工程图"管理"选项卡下的"样式编辑器"可以进行样式库的设置。

另外的,在"工具"选项卡下的"应用程序选项"和"文档设置"选项相关的设置,由于篇幅原因,这里仅介绍"自动中心线"的设置,如图 6 – 12 所示。操作如下:

选择"工具"选项卡下"文档设置",打开文档设置对话框。在工程图选项卡下单击"自动中心线"按钮,弹出"自动中心线"对话框。选择功能按钮,单击确定完成自动中心线的设置。

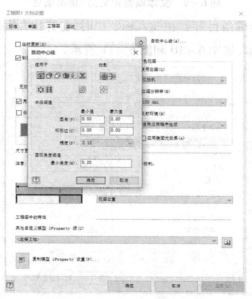

图 6 – 12 自动中心线设置

6.1.5 工程图模板保存

在对图纸、图框、标题栏、样式编辑器等进行设置之后,可以另存为工程图模板,如图6－13所示。

图6－13 工程图模板保存

6.2 视图创建

6.2.1 基本视图

创建基础视图操作步骤如下:

1)单击"新建"按钮,新建".idw"文件,打开工程图界面,在"放置视图"面板下选择"基础视图"按钮,弹出"工程视图"对话框,如图6－14所示。

图6－14 工程视图对话框

2)点击"选择文档"按钮,选择需要表达的零部件,单击打开,此时可以看到零部件主视图已在图纸中,分别向右和向下拖动光标并单击就可分别出现左视图与俯视图,在"工程视图"对话框中,在"比例"选项框中也可以输入图纸输出的比例。如图 6 – 15 所示。

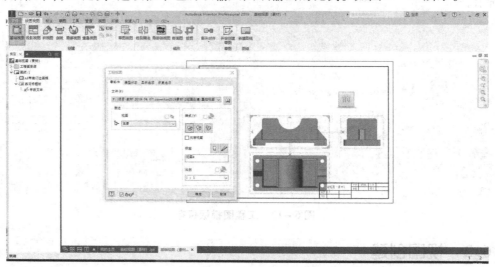

图 6 – 15 视图导入

3)最后单击"确定"按钮,即可将零部件基础视图导入图纸中。导入图纸后,可以进行适当地布图以及自动中心线等操作,如图 6 – 16 所示。

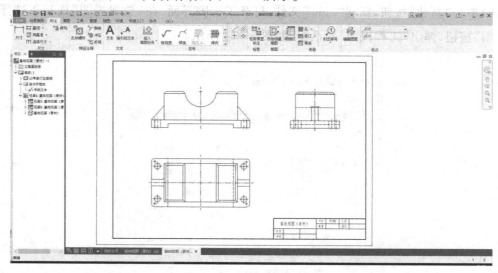

图 6 – 16 基础视图创建

6.2.2 斜视图

"斜视图"功能是用来创建一种斜向的视图。软件自动功能中有些处理规则无法满足

GB制图标准及规范需要时,需要用软件相关视图编辑功能进行修饰来满足需求,如图6-17所示。

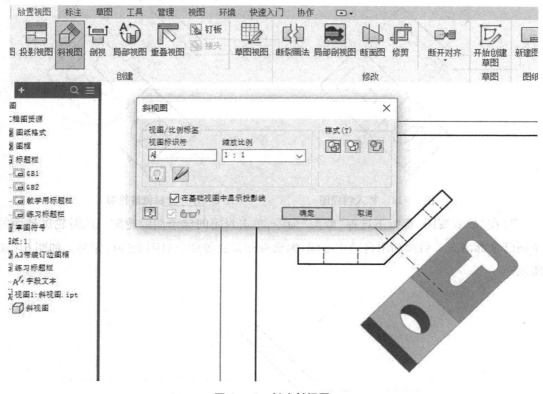

图6-17 创建斜视图

操作流程如下:

1)在"放置视图"面板下的"创建"选项卡中选择"斜视图"命令。

2)选择一个现有视图作为父视图。

3)在"斜视图"对话框中设置比例、显示样式和视图标签,或者接受当前设置。

4)选定基础视图上的、与向视图投影方向平行的图线(不能用中心线或者草图线)做方向线。

5)将预览移到适当位置,然后单击以放置视图,或者在"斜视图"对话框中单击"确定"按钮。只能以与选定边或直线垂直或平行的对齐方式放置视图。如图6-18所示。

6)为了达到斜视图表达的标准,我们还需要对导入的斜视图进行修剪。首先在草图界面下利用样条曲线命令绘制出需要保留的局部视图的封闭轮廓。如图6-19所示。

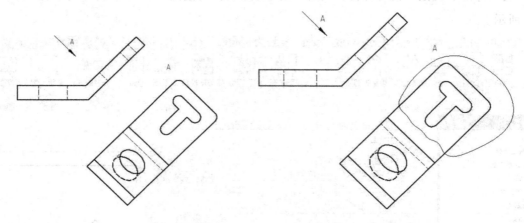

图 6 – 18　导入斜视图　　　　　　　图 6 – 19　绘制裁剪轮廓

7）在"放置视图"面板下选择"修剪"命令，单击封闭的样条曲线轮廓。此时轮廓外面的草图已全部消失。后面利用自动中心线、编辑视图标签等命令对图纸进行完善。如图 6 – 20 所示。

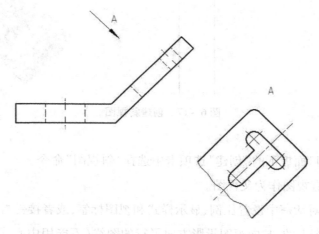

图 6 – 20　斜视图

6.2.3　剖视图

"剖视图"功能就是用来创建工程制图中的剖切表达视图的。软件功能基本上和 GB 机械制图规则要求是相符的。"剖视图"也有多种方式，例如全剖，半剖，局部剖等表达方式。

创建剖视图时，绘制一条直线来定义切割剖视图的位置。通过在与父视图关联的工程图草图中指定一条直线，也可以创建剖视图。如图 6 – 21 所示。

图 6 – 21　剖视图对话框

（1）单一剖切平面的全剖视图

创建一个工程文件，点击基础视图，先把模型的一个视图导进来，如图 6 – 22 所示。

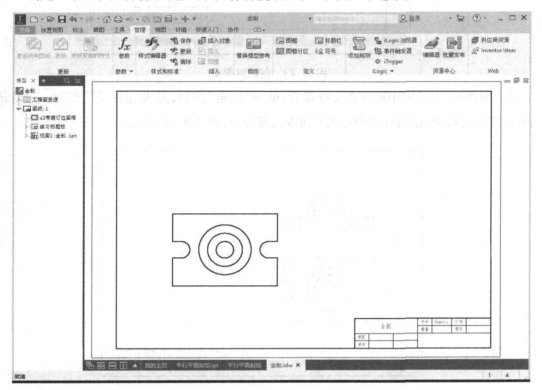

图 6 – 22　导入模型视图

单击"放置视图"面板下的"剖视"按钮,接着单击该模型视图。此时光标形状变为十字形,通过软件自动捕捉特征点功能选择剖切位置并绘制出剖切路径的直线,绘制完毕则右击鼠标右键,弹出快捷菜单栏,点击"继续"按钮,此时会出现"剖视图"对话框,如图 6 – 23 所示。

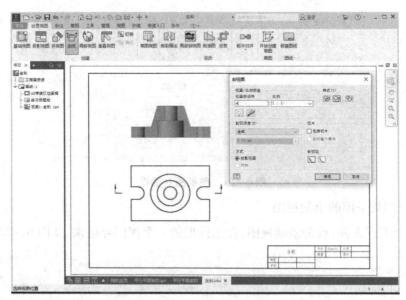

图 6 – 23　创建剖视图

在"剖视图"对话框中进行相关设置后,单击"确定"按钮,完成"剖视图"创建。可以适当对视图进行移动,使用自动中心线等命令完善视图,如图 6 – 24 所示。

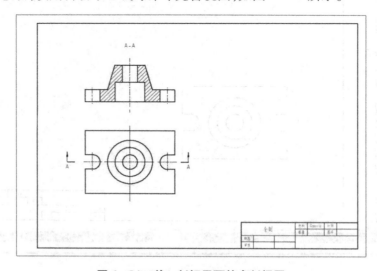

图 6 – 24　单一剖切平面的全剖视图

（2）几个平行剖切平面的剖视图

为剖切到不同的特征，在选定的基础视图上通过拾取点绘制剖切路径。该剖切路径通过轴心线或对称面等关键特征位置，该剖切方式必须保证两个相邻剖切线转角处相互垂直。新建一个工程图文件，导入基础视图后（为方便理解也导入了一个轴测图），单击"剖视"按钮，在选定的基础视图上通过拾取绘制剖切路径，如图 6－25 所示。

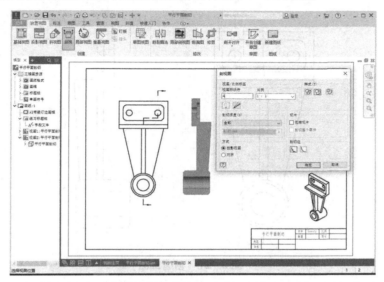

图6－25　创建剖视图

在"剖视图"对话框中进行相关设置后，单击"确定"按钮，完成"剖视图"创建，如图6－26 所示。

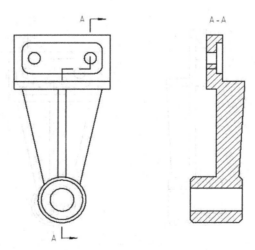

图6－26　两个相交剖切平面的剖视图

　　工程制图规范要求"肋板"类似特征结构，在被纵向剖切时不画剖面线以区分肋板和主体结构，因此需要编辑该剖视图。右击剖视图中的剖面线，在快捷菜单栏中选择"隐藏"去掉剖面线。选择该剖视图，在"草图"面板下单击"创建草图"按钮，利用"投影几何图元"工具投射相关边界的线段，再利用"直线"命令绘制相关线段形成封闭的填充边界。几何约束草图线准确隔离肋板和主体结构如图 6－27 所示。

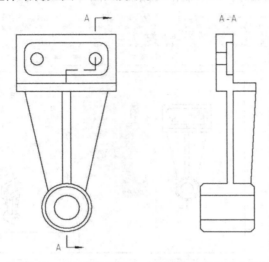

图 6－27　创建草图

　　在草图状态下，单击"填充面域"工具，分别给封闭区域填充剖面线，剖面线样式为默认的 ANSI31，完成草图编辑，结果如图 6－28 所示。接着利用自动中心线、文本等命令对图纸进行完善。如图 6－29 所示。

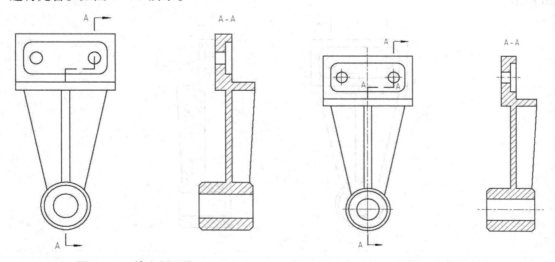

图 6－28　填充剖面线　　　　　图 6－29　几个平行剖切平面的剖视图

（3）两个相交剖切平面的剖视图

对于含有明显回转轴心线的结构，通常采用相交剖切平面生成全剖视图。新建一个工程图文件，导入基础视图后（为方便理解也导入了一个轴测图）。单击"剖视"按钮，在选定的基础视图上通过拾取绘制剖切路径，如图 6 - 30 所示。

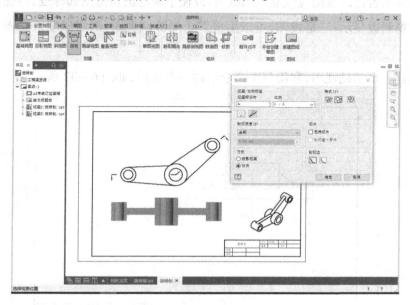

图 6 - 30　创建剖视图

在"剖视图"对话框中进行相关设置后，单击"确定"按钮，完成"剖视图"创建。使用自动中心线、文本等命令完善图纸，如图 6 - 31 所示。

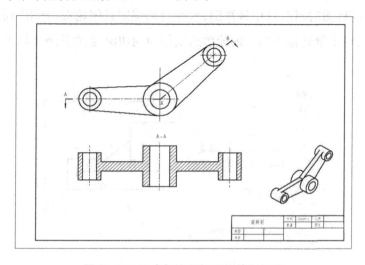

图 6 - 31　两个相交剖切平面的剖视图

6.2.4　半剖视图(局部剖视图)

在 Inventor 工程图中创建半剖视图,一般的是通过使用 Inventor 工程图中的局部剖视图创建半剖视图。但是要注意三点:一是所添加的标记和标签应通过创建草图的方式完成;二是作局部剖视图表达的视图应该显示隐藏边,以便于确定剖切范围和深度,待完成剖视图表达后再取消隐藏边显示;三是视图,可以生成多个局部剖视图,剖切深度根据需要确定。操作如下:

首先创建一个基础视图,利用草图命令绘制一个矩形,如图 6 – 32 所示。

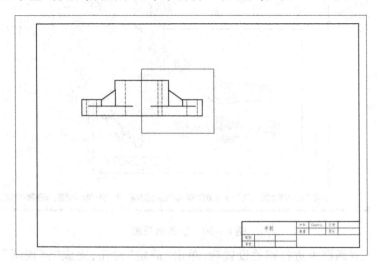

图 6 – 32　创建半剖视图

单击"局部剖视图"按钮,选中该视图,软件自动识别封闭轮廓,弹出"局部剖视图"对话框,选择"至孔",单击剖切范围内孔的轮廓边线作为剖切深度,如图 6 – 33 所示。

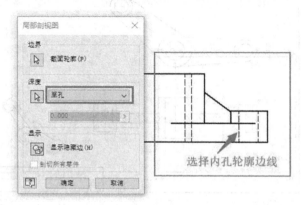

图 6 – 33　创建半剖视图

单击"确定"按钮得到剖视图,隐藏多余的线。被剖切到的肋板结构不需要剖面线,因此根据零件结构将剖面线隐藏,利用草图命令绘制填充剖面线的轮廓。补全其他视图,使用自动中心线、对齐视图等命令完善视图,如图6－34所示。

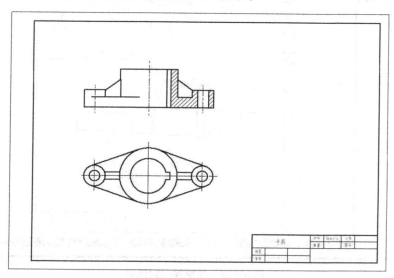

图6－34 半剖视图

6.2.5 局部视图

"局部视图"功能主要是用来创建局部放大视图的,虽然也可以创建局部缩小视图,但在机械制图中是没这种需求的。用于局部放大圆形或者矩形区域的表达。

局部视图提供详细被面轮廓的环形和矩形形状,所产生的视图具有不同类型的切断线,用户可以选择"锯齿状"(默认类型)或"平滑"。

如果用户选择"平滑"切断线,则可以选择在所产生的局部视图周围显示全边界(环形或矩形)。还可以在局部视图中的轮廓和全边界之间创建连接线。这3个标注对象(轮廓、边界和连接线)形成一个标注对象。

新建一个工程图文件,导入基础视图,在"放置视图"面板上下单击"局部视图"按钮,选择视图,弹出局部视图对话框,如图6－35所示。

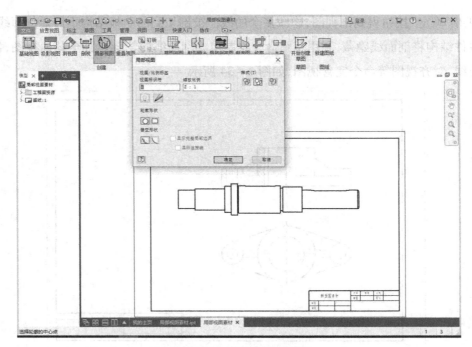

图 6-35　局部视图对话框

在基础视图的相应位置单击确定放大图的中心点位置,移动光标,确认放大区域合适后再次单击,移动光标至合适位置放置放大视图即可,如图 6-36 所示。

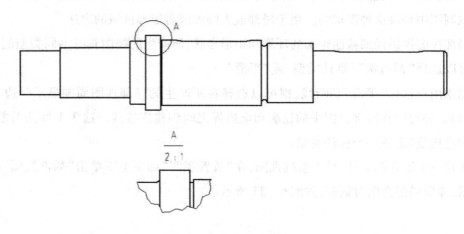

图 6-36　局部放大视图

在工程图环境中,可以使用"附着"命令将局部视图定义与父视图关联。如果父视图几何图元的尺寸或位置关系发生改变,所附着视图定义仍保持附着状态,并随用户指定的附着顶点移动。另外的,局部视图中的波浪线是细实线,视图中光标无法识别波浪线。如果生成的局部视图的波浪线线粗有误,可以在样式编辑器中的图层菜单栏里更改折线的线粗。

6.2.6 断面图

在 Inventor 工程图中,断面图是利用剖视图的功能创建的。同样的先创建一个基础视图,单击剖视图命令绘制剖切线,得到剖视图,如图 6 – 37。

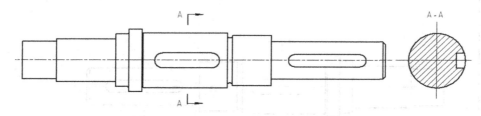

图 6 – 37 创建剖视图

断面图表达需要符合国家标准,因此需要对 A – A 剖视图进行属性编辑。选择 A – A 剖视图,右键选择"编辑截面特性",弹出"编辑截面特性"对话框。剖切深度选择"距离",输入距离为"0",单击确定按钮。编辑结果,如图 6 – 38,图 6 – 39,图 6 – 40 和图 6 – 41 所示。

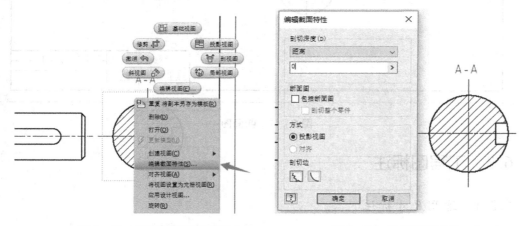

图 6 – 38 选择编辑截面特性命令   图 6 – 39 设置剖切深度

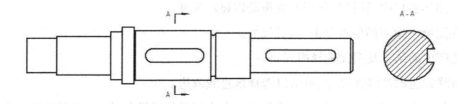

图 6 – 40 剖视图编辑结果

另外一个键槽的断面图创建方法与上述方法一直,创建完毕后打断视图对齐重新布图,使用自动中心线等命令完善视图。

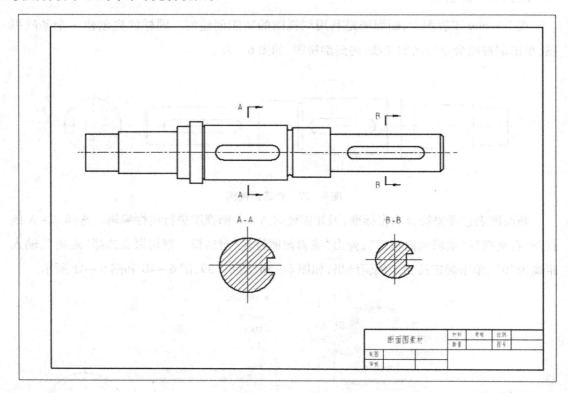

图 6 –41　断面图

6.3　工程图标注

6.3.1　通用尺寸标注

"通用尺寸"标注的流程:

1)在功能区的"标注"选项卡的"尺寸"组中选择"尺寸"命令。

2)在图形窗口中,选择几何图元并拖动以显示尺寸。

3)在图纸中适当的位管单击,放置尺寸。

可能产生的结果及图元选择模式:

为直线或边添加线性尺寸,单击以选择该直线或边。

为点与点之间、曲线与曲线之间或曲线与点之间添加线性尺寸,单击以选择每个点和每条曲线。

添加半径或直径尺寸,单击以选择圆弧或圆。

添加角度尺寸,选择两条非平行页线。

为某段标注圆弧的弦长、弧长或角度尺寸,选择该圆弧,单击鼠标右键,然后在弹出的快捷菜单中选择"尺寸类型",选择"弦长"、"弧长"或"角度"命令。

6.3.2 倒角标注

倒角标注的功能可以帮助我们快速对倒角添加注释。在这里我们讲解如何给两倒角边不等的倒角添加标注。

给两倒角边不等的倒角添加标注的流程如下:

1)在功能区的"标注"选项卡的"特征注释"组中选择"倒角"命令。

2)在工程图上,选择倒角模型或草图边。

3)从模型或草图中选择与倒角具右共同端点或相交的参考线或边。不能选择平行线或垂线。

4)单击以放置倒角注释。默认附若点为倒角的中点,但创建倒角注释后,可以单击该附若点,将该点拖动到同一视图的其他位置。

5)继续创建和放置倒角注释,单击鼠标右键,然后在弹出的快捷菜单中选择"确定"命令退出。

6)选定该标注,单击鼠标右键在弹出的快捷菜单中选择"编辑倒角注释"命令,弹出"编辑倒角注释"对话框。

7)在对话框中设置需要的标注样式、精度和公差。

8)单击"确定"按钮完成编辑。

6.3.3 表面粗糙度符号

表面粗糙度符号标注流程如下:

1)在功能区的"标注"选项卡的"符号"组中选择"粗糙度"命令。

2)拖动鼠标指针到要标注的图元上,该图元亮显,双击该亮显图元。该符号随机附着在边或点上,并且弹出"表面粗糙度符号"对话框。

3)在对话框中设置符号的属性和值,设置完成后单击"确定"按钮。在视图中单击鼠标右键,在弹出的快捷菜单中选择"取消"命令。

4)可以拖动符号来改变其位赏。如果沿着边拖动符号,将创建一条延长线。如果远离边进行拖动符号,将创建一条指引线。

"表面粗糙度符号"对话框中的各个参数与机械设计相关的概念相同。

调整粗糙度符号的大小,可以通过调整粗糙度对文本字体、高度设置参数。

文字的字体,可以在选定租糙度符号后单击鼠标右键,在弹出的快捷菜单中选择"编辑粗糙度符号样式"－"文木样式"－"编辑文本样式"命令,在文本样式的编辑对话框中可以选择"字体"和"文本高度"。

6.3.4 明细栏

明细栏创建基本步骤如下:

1)在功能区的"标注"选项卡的"表"组中选择"明细栏"命令,弹出"明细栏"对话框。

2)在"明细栏"对话框中选择明细栏的来源:

若要创建工程视图的明细栏,请在图形窗口中选择工程视图。

若要从源文件创建明细栏,请行在"明细栏"对话框中单击"浏览"按钮,并打开此文件。

3)选择适当的 BOM 表视图来创建明细栏和引出序号:

创建明细栏时可以选择显示的类型之中的"结构化"或"仅零件",或者两者可以在源部件中禁用。如果选择此选项,则将在源文件中选择"仪零件"BOM 表类型。

如果在源文件中已指定"结构化"BOM 表视图,则无法在"明细栏"对话框中更改该视图。

4)单击"确定"按钮关闭对话框时,如果参考部件中"BOM 表视图"已关闭,则必要时会提示用户将其打开。

5)在"表拆分"选项组中设置拆分方向。可以选择使用"启用自动拆分"复选框,然后设置明细栏的最大行数或明细栏要拆分的区域数。

6)单击"确定"按钮 关闭"明细栏"对话框。

7)在工程图上要放置明细栏的位置处单击。可以将明细栏捕捉到图纸或标题栏的边或角。

另外,在样式编辑器里面可以自定义明细栏的格式与内容。

6.4 零件图设计案例

以使用软件创建典型零件——轴承座的零件图为例进行说明。假设已经完成了全部零件特征的建模工作,如图 6－42 所示。具体操作步骤如下:

6.4.1 创建基本视图

在创建零件图之前,应该基本完成模型的三维建模,包括全部的几何特征,如图 6－42 所示。

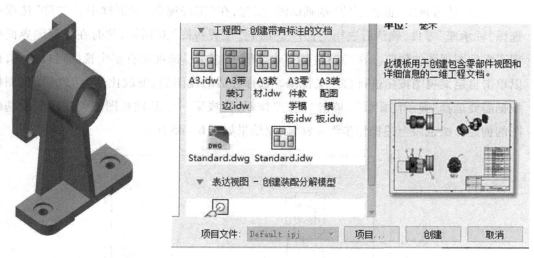

图6-42　轴承座零件图　　　　　　　　　图6-43　"新建"对话框

按照前面第6.1节的内容创建好工程图模板。该轴承座需要创建 A3 图纸的模板。创建好的图纸模板在"新建"对话框中如图6-43所示。

选择模板,单击"创建"按钮,进入 A3 图纸的工程图界面,如图6-44所示。

图6-44　A3 图纸

单击"放置视图"面板下的"基础试图"按钮,在"工程视图"对话框中,"文件"选项中去选择"轴承座"零件,确认后选择"打开"。回到"工程视图"对话框,此时在工程图界面也出现了零件图视图的预览。在"工程视图"对话框中"方向"选项中有多个视图可以选择,也可以单击自定义视图按钮进行自定义视图。选择合适的视图后,缩放比例为"1:1",视图样式根据需要选择"显示隐藏线",单击"确定"按钮,完成第一个基础视图的创建。其他基础视图的创建方法也跟上述操作步骤一样,创建结果如图 6 - 45 所示。

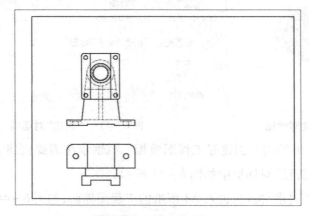

图 6 - 45　创建基础视图

在目前的视图中,根据国家制图标准的要求,表达的视图中有一些线是不需要显示的,此时可以选中视图中不需要的线进行隐藏。选中需要隐藏的直线,右击弹出快捷菜单栏。在快捷菜单栏中去掉"可见性"的勾选即可隐藏所选择的直线。隐藏结果如图 6 - 46 所示。

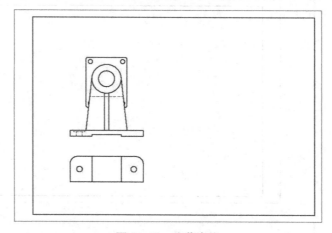

图 6 - 46　隐藏直线

6.4.2　创建辅助视图

根据主视图去创建辅助视图。单击"放置视图"按钮下的"剖视"按钮,选择主视图,绘制如所示的剖切轮廓。右击选择"继续"按钮,弹出"剖视图"对话框,进行视图标识符为"A",缩放比例为"1:1"等的设置,设置完毕后单击"确定"按钮。完成视图创建。如图 6 – 47 所示。

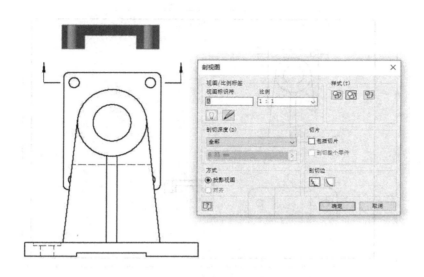

图 6 – 47　创建剖面视图

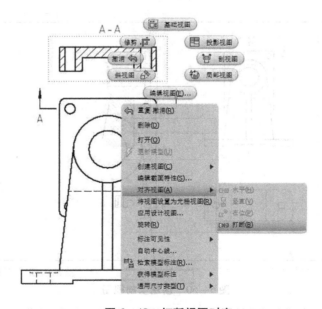

图 6 – 48　打断视图对齐

剖视图与主视图之间还保留着对齐关系。这时,需要解除对齐关系才能移动。选中剖视图 A – A 并点击鼠标右键,在弹出快捷菜单栏中选择"对齐视图"按钮下的"打断",如图

6-48所示。单击后剖视图 A-A 与主视图就解除了对齐关系,将剖视图 A-A 移动至适合的位置,结果如图 6-49 所示。至此,A-A 平面剖视图已创建完毕。继续单击"放置视图"面板下的"剖视"按钮,选择主视图进行创建一个全剖视图。创建结果如图 6-50 所示。

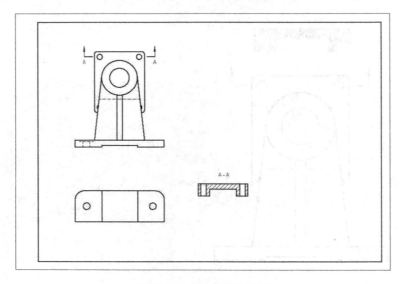

图 6-49 A-A 剖面布局

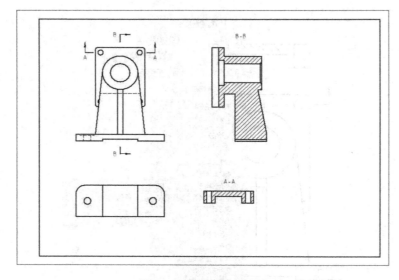

图 6-50 创建全剖视图

根据制图规范要求,"肋板"被纵向剖切时不画剖面线,以便区分肋板和主体结构。此时,需要编辑 B-B 平面剖视图。右击剖视图中的剖面线,在快捷菜单栏中选择"隐藏"去除剖面线。选择该剖视图,在"草图"面板下单击"创建草图"按钮,利用"投影几何图元"工具投射相关边界的线段,再利用"直线"命令绘制相关线段形成封闭的填充边界。几何约束草图线准确隔离肋板和主体结构如图 6-51 和图 6-52 所示。

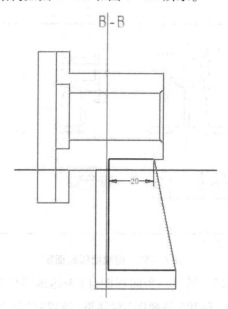

图 6-51 草图隔离肋板和主体结构

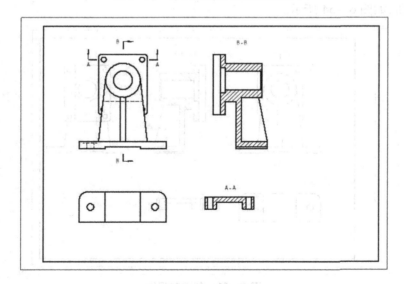

图 6-52 修改全剖视图

在草图状态下,单击"填充面域"工具,分别给封闭区域填充剖面线,剖面线样式为默认的 ANSI31,完成草图编辑。

在 B-B 剖视图中,肋板需要用断面图来表达。肋板的断面图表达需要使用 Inventor 的草图功能,选择 B-B 剖视图创建草图,绘制肋板的断面图。最后创建的结果如图 6-53 所示。

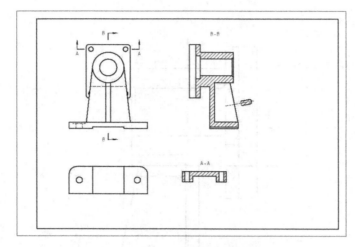

图 6-53　创建肋板断面图

在 B-B 剖视图的基础上,创建一个向视图,以表达该零件背面的结构形状。单击"斜视图"按钮,选择 B-B 视图,弹出"斜视图"对话框,设置好"视图标识符"和"缩放比例"后点击确定按钮,如图 6-54 所示。

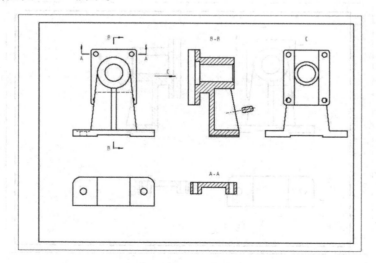

图 6-54　创建向视图

对于向视图 C 不需要表达的结构,可以将部分结构线段进行隐藏,然后适当布图,如图 6-55 所示。

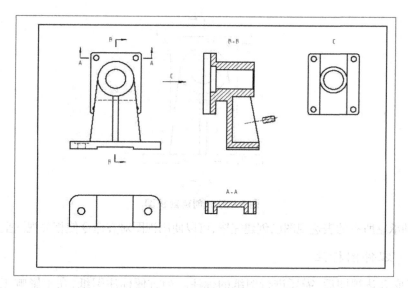

图6-55　隐藏部分线段

在主视图中,零件的沉头孔需要表达出来,需要在主视图创建局部剖视图。选择主视图点击"草图"面板下的"创建草图"按钮,利用样条曲线工具绘制出局部剖视图的封闭轮廓,如图6-56所示。

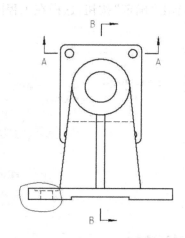

图6-56　创建局部剖视图剖切范围

单击"完成草图",在"放置视图"面板下单击"局部剖视图"命令,选择主视图,弹出"局部剖视图"对话框,选择"至孔",单击剖切范围内孔的轮廓边线作为剖切深度,单击确定完成创建。如图6-57所示。

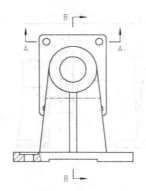

图 6 – 57　创建剖视图

至此,轴承座所有的表达视图已创建完毕,可以使用视图对齐命令使相关视图呈对齐关系。

6.4.3　零件图标注

创建完成表达视图后,需要进行图纸的标注。为方便标注图纸,在不影响工程图的标准表达前提下,需要对一些视图标识符进行隐藏或删除处理。

首先需要对 B – B 剖视图的视图标识符进行隐藏处理,双击 B – B 剖视图,弹出"工程视图"对话框,在该对话框下选择"显示选项"按钮,在该面板下去掉"在基础视图中显示投影线"的勾选,如图 6 – 58 所示。单击"确定"按钮,这样在工程图纸中 B – B 剖视图与主视图就少了视图标识 B。

图 6 – 58　关闭投影线显示

B-B剖视图中需要去掉视图标识双击B-B剖视图的视图标识,进入"文本格式"对话框如图6-59所示,在此对话框中删除所有的文本。

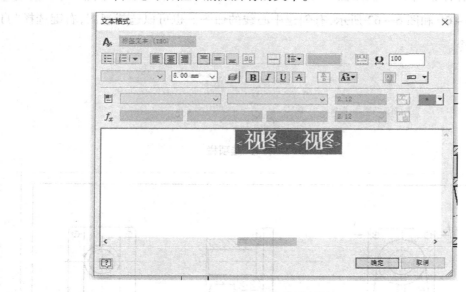

图6-59 文本格式对话框

此时工程图纸及视图如图6-60所示。下面逐一进行详细标注。

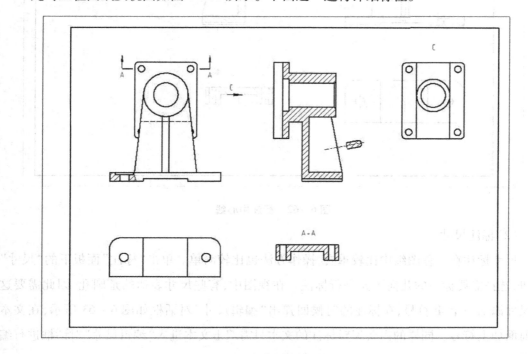

图6-60 未标注的工程图

（1）标注中心线

对于工程图视图中的一些圆柱、圆孔等需要标注中心线。在"标注"面板下的"符号"选项栏下如图 6-61 和图 6-62 所示，有创建中心线的命令。也可以选择视图，右键选择"自动中心线"命令。

图 6-61　"符号"选项栏

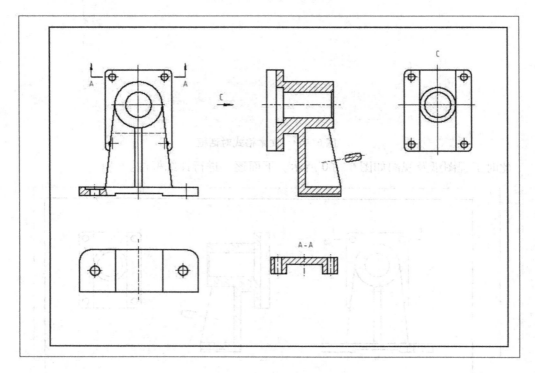

图 6-62　标注中心线

（2）标注尺寸

尺寸标注在工程图纸中比较重要，操作方法也比较简单。单击"标注"面板下的"尺寸"按钮，选择需要标注的几何图元进行标注。在视图中，有些尺寸表达的是圆孔，因此需要这些尺寸添加一个 Φ 符号，在标注的时候回弹出"编辑尺寸"对话框如图 6-63 所示，在文本的前面加上符号。同样的需要编辑标注的文本只需双击文本进入"编辑尺寸"对话框进行编辑即可。

图 6 – 63　"编辑尺寸"对话框

标注下图 6 – 64 所示的尺寸。

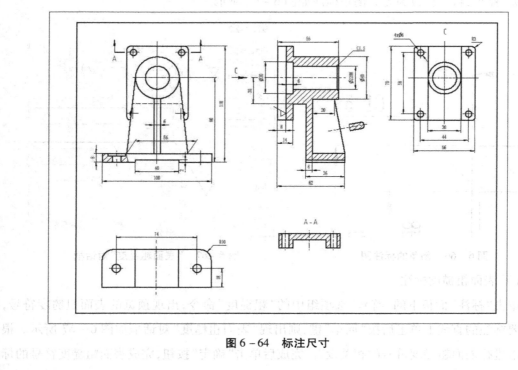

图 6 – 64　标注尺寸

（3）孔标注

主视图中有一个沉头孔，需要进行标注。单击"标注"面板下的"孔与螺纹"命令，选择视图中的沉头孔进行标注。如果样式编辑器中的标注样式是默认设置，标注的孔是不符合国家标注要求的。可以利用"文本"和"指引线文本"命令进行孔的标注，如图 6–65 所示。

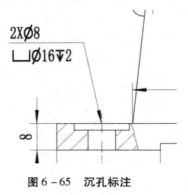

图 6–65　沉孔标注

（4）倒角标注

在"标注"面板下选择"倒角"命令，选择倒角处的两条边，单击确定，将指引线拖到适合的位置单击确定。若指引线带有箭头，需要将光标放在箭头处右击选择快捷菜单栏中的"编辑箭头"命令，将箭头改为无。倒角标注如图 6–66 所示。

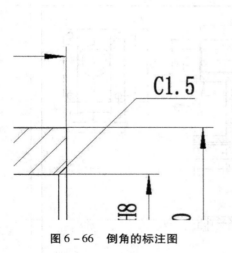

图 6–66　倒角的标注图

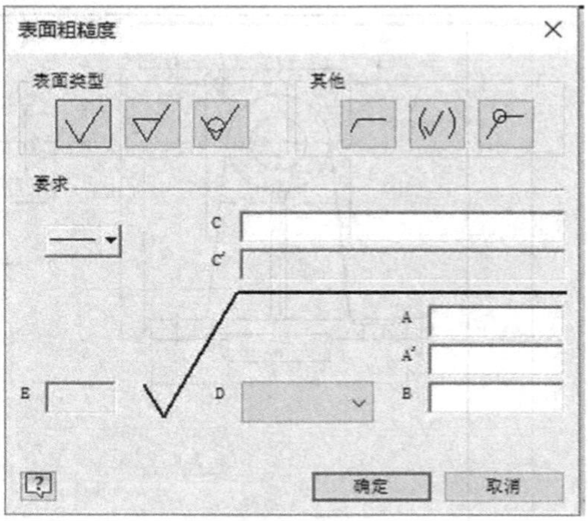

图 6–67　"表面粗糙度"对话框

（5）表面粗糙度标注

单击"标注"面板下的"符号"选项组中的"粗糙度"命令，出现预览的表面粗糙度符号，在需要标注的直线上单击后按"回车"键，则出现"表面粗糙度"对话框如图 6–67 所示。根据要求进行表面粗糙度符号的相关设置，完成后单击"确定"按钮，完成表面粗糙度符号的标注。需创建的所有表面粗糙度标注如图 6-68 所示。

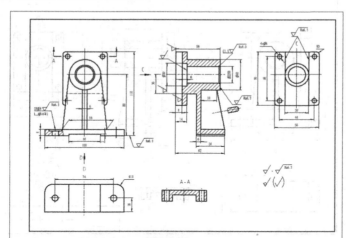

图 6-68   创建表面粗糙度

（6）技术要求及文本

使用文本命令输入技术要求在图纸中，单击"草图"面板下的"文本"命令，在图纸空白的区域框出文本输入的范围，输入技术要求等文本。另外的，在图纸中，视图标识也可以通过"文本"命令进行创建，有时还需要"标注"面板下的"指引线文本"命令进行创建。最后适当地调整视图以及标注尺寸等的位置。最终的零件图如图 6-69 所示。

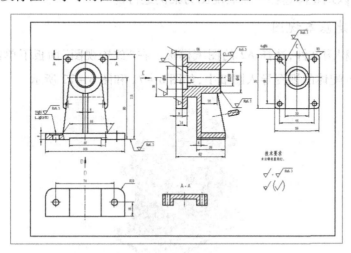

图 6-69   轴承座零件图

最后插入标题栏，设置标题栏内容。至此，轴承座零件图已创建并编辑修改完毕。最后，将文件命名为"轴承座零件图"并保存，如图 6-70 所示。

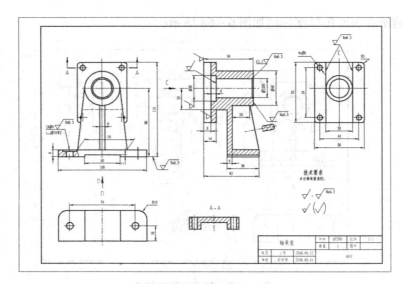

图6-70 插入标题栏

6.5 装配图设计案例

除了可以生成和设计编辑零件图外,软件还可以在三维装配体模型基础上,直接生成制作装配图。本节以蜗轮减速器模型装配图为案例进行说明。

6.5.1 创建基本视图

新建一个工程图文件,选择 A2 的图纸模板。在"放置视图"面板下单击"基础视图"按钮,依次将各个装配体的视图导入图纸中,如图6-71和图6-72所示。

图6-71 蜗轮减速器

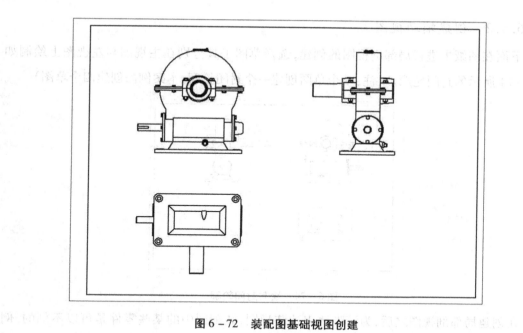

图 6 - 72　装配图基础视图创建

　　对于视图中不需要显示的线段,可以用光标选择这些线段并右击,在弹出的快捷菜单栏中去掉"可见性"的勾选即可。隐藏操作后的图纸如图 6 - 73 所示。

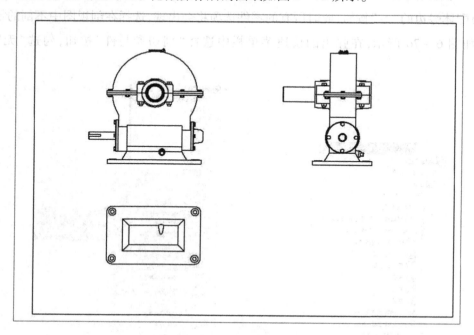

图 6 - 73　隐藏多余线段

6.5.2 创建辅助视图

下面在图纸中进行局部剖视图的创建,选择草图工具分别在主视图与左视图上绘制如图 6-74 所示的封闭轮廓。(注:一个草图创建一个封闭轮廓,本案例需创建四个草图)

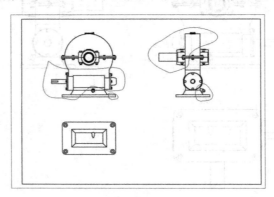

图 6-74 绘制封闭轮廓

在创建局部剖视图之后,为清晰地表达装配图,装配图中的某些零件是可以不剖的,例如标准件等,所以需要选出这些零件定义成"不剖"的属性。在左边的模型树下打开视图旁边的">"按钮,如图 6-75 所示。可以看到有一个局部剖视图下面会带着一个装配体选项。单击装配体旁边的">"按钮,此时所有的零件选项将会出现,选择在剖视图中不剖的零件并右击,如图 6-76 所示,在弹出的快捷菜单栏中选择"剖切参与件"按钮,勾选"无"选项即可。

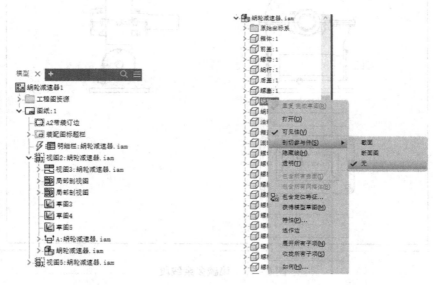

图 6-75 模型树　　　　　　图 6-76 "剖切参与件"设置

在定义完不剖的零件后便可创建局部剖视图,分别单击"放置视图"面板下的"局部剖视图"按钮进行创建,根据零件位置关系和尺寸关系,选择剖切深度。结果如图 6－77 所示。

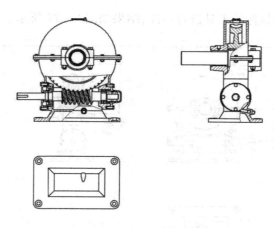

图 6－77　局部剖视图创建

根据工程制图标准及规范要求,蜗轮、蜗杆和齿轮等零件有简化的表达方式,因此还需要对主视图中的蜗轮、蜗杆视图的表达进行修改,选择蜗轮、蜗杆的轮廓线进行隐藏,根据蜗轮、蜗杆的尺寸参数利用草图工具绘制表达蜗轮、蜗杆的几何图元。另外的需要添加键槽处的剖视图,修改结果如图 6－78 所示。

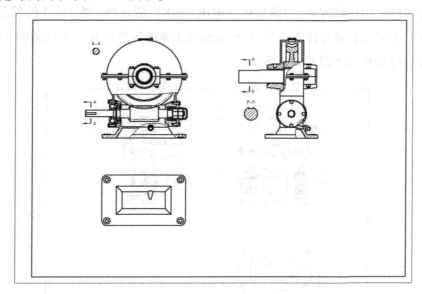

图 6－78　修改后的视图

6.5.3 装配图标注

(1)部分尺寸标注以及中心线标注

在"标注"面板下选择标注工具进行标注,结果如图 6-79 所示。

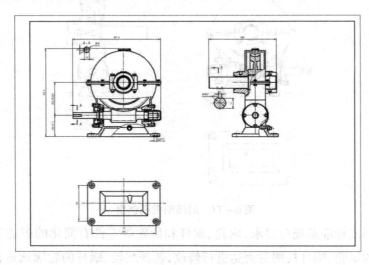

图 6-79 标注尺寸及中心线

(2)引出零件序号

零件序号的引出两种方式,一种是选择引出,一次只能选择一次;另外的就是自动零件序号。选择一个视图自动标注零件序号,但是标注出来的零件序号是不规则的,需要手动调整处理。零件序号标注如图 6-80 所示。

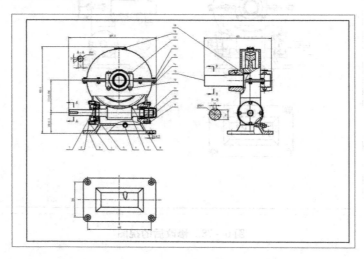

图 6-80 标注零件序号

（3）技术要求以及文本说明

在"草图"或"标注"面板下利用文本工具在图纸上填写文本说明和技术要求。如图6－81所示。

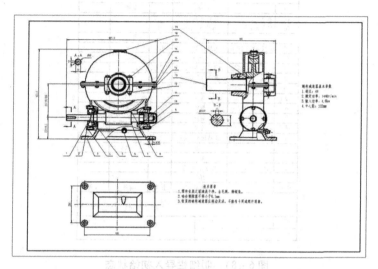

图6-81　技术要求及文本输入

（4）导入标题栏与明细栏

在左边工程图资源下拉菜单栏下插入设置好的标题栏,插入标题栏后插入明细栏。单击"标注"面板下的"明细栏"按钮,弹出"明细栏"对话框,如图6－82所示。

图6-82　"明细栏"对话框

通过“选择视图”按钮在图纸上单击图纸中的一个视图，此时会自动选择该装配体生成明细栏。单击“确定”按钮，将明细栏导入图纸。如图 6－83 所示。

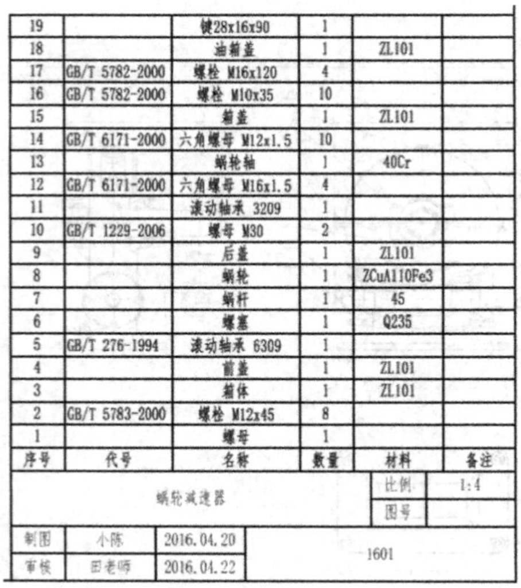

19		键28x16x90	1		
18		油箱盖	1	ZL101	
17	GB/T 5782-2000	螺栓 M16x120	4		
16	GB/T 5782-2000	螺栓 M10x35	10		
15		箱盖	1	ZL101	
14	GB/T 6171-2000	六角螺母 M12x1.5	10		
13		蜗轮轴	1	40Cr	
12	GB/T 6171-2000	六角螺母 M16x1.5	4		
11		滚动轴承 3209	1		
10	GB/T 1229-2006	螺母 M30	2		
9		后盖	1	ZL101	
8		蜗轮	1	ZCuAl10Fe3	
7		蜗杆	1	45	
6		螺塞	1	Q235	
5	GB/T 276-1994	滚动轴承 6309	1		
4		前盖	1	ZL101	
3		箱体	1	ZL101	
2	GB/T 5783-2000	螺栓 M12x45	8		
1		螺母	1		
序号	代号	名称	数量	材料	备注
蜗轮减速器				比例	1:4
				图号	
制图	小陈	2016.04.20	1601		
审核	田老师	2016.04.22			

图 6－83　明细栏导入初始状态

在导入的明细栏中，可能会出现部分零件属性的缺失，或不满足国标所规定的图纸要求、零件排序乱等。用户可双击图纸中的明细栏，进入如图 6－84 所示对话框。直接编辑材料明细表。

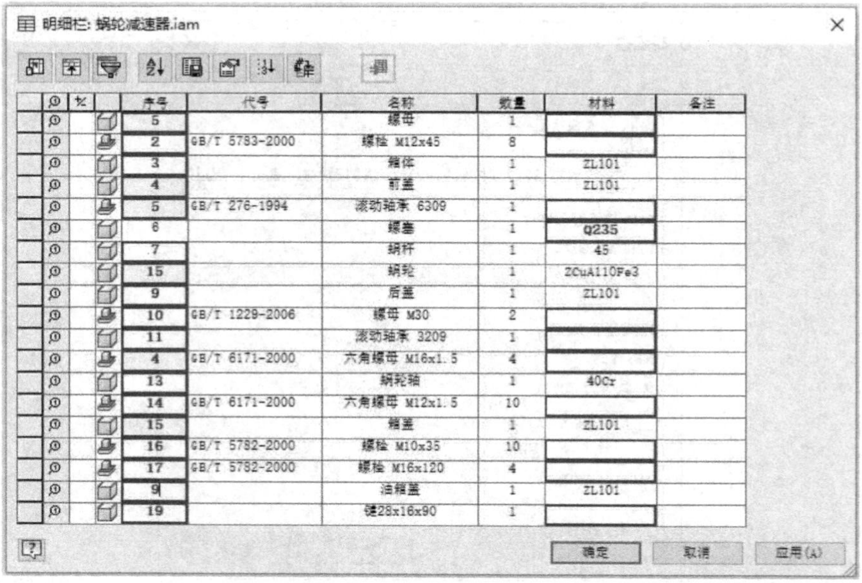

序号	代号	名称	数量	材料	备注
5		螺母	1		
2	GB/T 5783-2000	螺栓 M12x45	8		
3		箱体	1	ZL101	
4		前盖	1	ZL101	
5	GB/T 276-1994	滚动轴承 6309	1		
6		螺塞	1	Q235	
7		蜗杆	1	45	
15		蜗轮	1	ZCuAl10Fe3	
9		后盖	1	ZL101	
10	GB/T 1229-2006	螺母 M30	2		
11		滚动轴承 3209	1		
4	GB/T 6171-2000	六角螺母 M16x1.5	4		
13		蜗轮轴	1	40Cr	
14	GB/T 6171-2000	六角螺母 M12x1.5	10		
15		箱盖	1	ZL101	
16	GB/T 5782-2000	螺栓 M10x35	10		
17	GB/T 5782-2000	螺栓 M16x120	4		
9		油箱盖	1	ZL101	
19		键28x16x90	1		

图 6－84　明细栏编辑对话框

在此对话框中可以编辑或增加明细栏中的任何一部分内容。对于零件排序可以选择零件所在行,按住鼠标移动即可。编辑结果如图 6－85 所示。

			序号	代号	名称	数量	材料	备注
			1		螺母	1		
			2	GB/T 5783-2000	螺栓 M12x45	8		
			3		箱体	1	ZL101	
			4		前盖	1	ZL101	
			5	GB/T 276-1994	滚动轴承 6309	1		
			6		螺盖	1	Q235	
			7		蜗杆	1	45	
			8		蜗轮	1	ZCuA110Fe3	
			9		后盖	1	ZL101	
			10	GB/T 1229-2006	螺母 M30	2		
			11		滚动轴承 3209	1		
			12	GB/T 6171-2000	六角螺母 M16x1.5	4		
			13		蜗轮轴	1	40Cr	
			14	GB/T 6171-2000	六角螺母 M12x1.5	10		
			15		锥盖	1	ZL101	
			16	GB/T 5782-2000	螺栓 M10x35	10		
			17	GB/T 5782-2000	螺栓 M16x120	4		
			18		活箱盖	1	ZL101	
			19		键28x16x90	1		

图 6 - 85 明细栏编辑结果

完成后单击"确定"按钮,适当调整文本的位置,把明细栏放在标题栏上方,至此,蜗轮蜗杆减速器装配图已创建完毕。如图 6－86 所示。

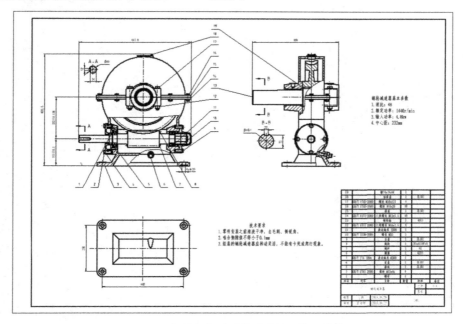

图 6 - 86 蜗轮蜗杆减速器装配图(横向放置)

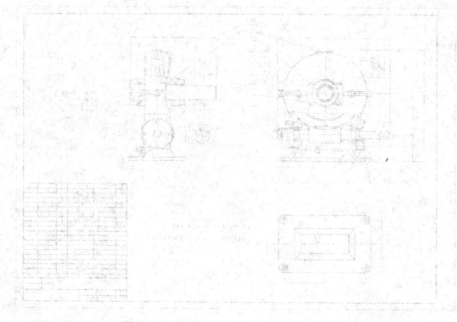

第三篇　SOLIDWORKS

1　概述

Solidworks 软件公司成立 1993 年,总部位于美国马萨诸塞州的康克尔郡内。从 1995 年推出第一套 Solidworks 三维机械设计软件至今,以其优异的性能、易用性和创新性,极大地提高了机械工程师的设计效率,在与同类软件的激烈竞争中已经确立其市场地位,成为三维机械设计软件的标准。CADENCE 连续 4 年授予 Solidworks 最佳编辑奖,以表彰 Solidworks 的创新、活力和简明。

1997 年,法国达索公司将 Solidworks 全资并购。并购后的 Solidworks 以原来的品牌和管理技术队伍继续独立运作,成为 CAD 行业一家高素质的专业化公司,Solidworks 三维机械设计软件也成为达索旗下中最具竞争力的 CAD 产品之一。在机械 CAD 教学及实践过程中,Solidworks 操作易用性较好。本章以 Solidworks 2018 Education Try 版本为例介绍软件入门知识及基本操作。

1.1　Solidworks 基本功能模块

在 Solidworks 软件里有零件建模、装配体、工程图等基本模块,因为 Solidworks 软件是一套基于特征的、参数化的三维设计软件,符合工程设计思维,并可以与 CAMWorkS 及 Design-Work 等模块构成一套设计与制造结合的 CAD/CAM/CAE 系统,使用它可以提高设计精度和设计效率;Solidworks 还集成了其他专业模块,如工业设计、模具设计、管路设计和电气设计(部分版本因授权原因功能可能不包含)等。

Solidworks 软件基本功能与特点主要概况如下:

(1)参数化尺寸驱动

Solidworks 采用的是参数化尺寸驱动建模技术,即尺寸控制图形。当改变尺寸时,相应的模型、装配体、工程图的形状和尺寸将随之变化,非常有利于新产品在设计阶段的反复修改。

(2)三维实体造型(信息化建模)

在传统的二维 CAD 设计(绘图)过程中,设计师要绘制一个复杂的零件工程图,由于不可能一下子记住所有的设计细节,必须经过一个反复不断的过程,时刻都要进行投影关系的校正,这就使得设计师的工作十分枯燥和乏味。而 Solidworks 进行设计工作时直接从三维空间开始,设计师可以马上知道自己的操作会导致的零件形状。由于把大多烦琐的投影工作让计算机来完成,设计师可以专注于零件的功能和结构。实体造型模型中包含精确的几何、质环等特性信息,可以方便准确地计算零件或装配体的体积和重生,轻松地进行零件模型之间的干涉检查。

(3)基本功能相关联

Solidworks 具有 3 个功能强大的基本模块,即零件模块、装配体模块和工程图模块,分别用于完成零件设计、装配体设计和工程图设计。虽然这 3 个模块处于不同的工作环境中,但依然保持了二维与三维几何数据的全相关性。

(4)特征管理器

设计师完成的二维 CAD 图纸,不能反映设计师的操作过程。与之不同的是,Solidworks 采用了特征管理器(设计树)技术,可以细地记录零件、装配体和工程图环境下的每一个操作步骤,有利于设计师在设计过程中的修改与编辑。设计树各节点与图形区的操作对象相互关联,为设计师的操作带了极大方便。

(5)高效的第三方插件

Solidworks 在 CAD 领域的出色表现及在市场销售上的迅猛势头,与世界上许多著名的专业软件公司成为合作伙伴,Solidworks 开放自己软件的底层代码,使世界顶级的专业化软件与自身无缝集成,为用户提供了高效而又具有特色的 COSMOS 系列插件,如:有限元分析软件 COSMOSWorks、运动与动力学动态仿真软件 COSMOSMotion、流体分析软件 COSMOS-FloWorks、动画模拟软件 MotionManager、高级渲染软件 PhotoWorks、数控加工控制软件 CAM-Works 等。

(6)智能化标准件库 Toolbox

Toolbox 是同三维软件 Solidworks 完全集成的三维标准零件库。Toolbox 包含了机械设计中常用的型材和标准件,如角钢、槽钢、紧固件、联接件、密封件、轴承等。在 Toolbox 中,还有符合国际标准(ISO)的三维零件库,包含了常用的动力件——齿轮,与中国国家标准(GB)一致,调用非常方便。Toolbox 是充分利用 Solidworks 的智能零件技术而开发的三维标准零件库,与 Solidworks 的智能装配技术相配合,可以快捷地进行大量标准件的装配工作。

(7)eDrawings

Solidworks 免费为用户提供了 eDrawings,该工具专门用于设计师在网上进行交流,当然也可以用于设计师与客户、业务员、主管领导之间进行沟通,共享设计信息。eDrawings 可以使所传输的文件尽可能地小，极大地提高了在网上的传输速度。eDrawings 可以在网上传输二维工程图形，也可以进行零件、装配体 三维模型的传输。eDrawings 还允许将零件、装配体文件转存为. exe 类型。

（8）API 开发工具接口

Solidworks 还为用户提供了自由、开放、功能完整的 API 开发工具接口，用户可以选择 Visual C＋＋、Visual Basic、VBA 等开发程序进行二次开发。通过数据转换接口，可以很容易地将目前市场上几乎所有的机械 CAD 软件集成到现在的设计环境中来。

1.2　设计意图表达基本过程

采用三维 CAD 技术设计本质就是基于三维 CAD 软件进行设计意图的表达。Solidworks 软件是用户进行产品设计的工具，用户通过该软件在计算机上对产品进行设计构思，模拟零件制造、加工及装配的过程。但是如何体现设计者在制造加工过程中的若干问题，如何正确运用基本操作命令体现设计意图、处理问题，是设计过程中亟须解决的。

一般来说，零件的建模顺序应符合实际加工的过程，首先生成零件基本特征，然后通过一道道工序逐渐加工，最终生成成品零件，上述建模实例也符合一个专业设计者的设计过程，因此，有必要在建模之前对产品零件或整机装配设计进行特征规划，这样不仅使设计者对后续的建模有个总体把握，而且对于最后的编辑修改也很方便。

因此，可以简单地认为，设计师对零件的三维建模过程实质是对零件加工过程进行模拟。建模命令与加工方法的关联、对应，就是建模命令对加工方法的抽象描述，零件建模是建立在它的加工的基础上的，而建立的模型如果无法加件工，那么它也失去了实际的生产意义。例如，零件的加工是从毛坯选择开始。对应的在设计建模过程中，基本特征的生成，即毛坯的生成，往往被忽视。因此在造型时根据产品的主要结构建立特征草图通过拉伸、旋转等建立一个合理的"毛还"是零件建模的第一步。毛坯建模完成后需进行后续特征规划。在特征规划及后续建模过程中，也应尽量使用简单的特征表达方式，并明确定义特征之间的关系。

1.3　Solidworks 用户界面

Solidworks 2018 经过二十多年的更新积累，其功能不断增强，操作交互及易用性逐渐提高,但整体界面风格并没有多大变化,基本上与 Solidworks 2014 保持一致。如图 1－1 所示为 Solidworks 2018 的用户界面。

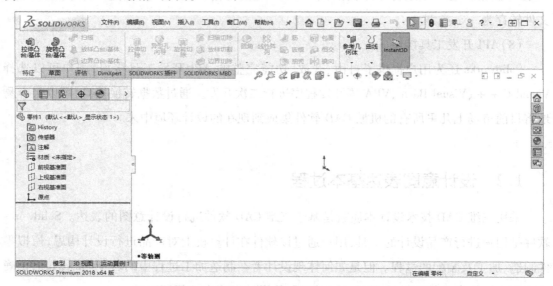

图 1－1　Solidworks 2018 零件环境用户界面

软件用户界面主要包括菜单栏、功能区、命令选项卡、设计树、过滤器、图形区状态栏、前导功能区、任务窗格及弹出式帮助菜单等内容。

（1）菜单栏

菜单栏中几乎包括 Solidworks 2018 的所有命令。如图 1－2 所示。

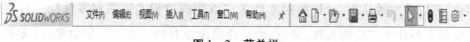

图 1－2　菜单栏

菜单栏中的菜单命令,可根据活动的文档类型和工作流程来调用,菜单栏中许多命令也可通过命令选项卡、功能区、快捷菜单和任务窗格进行调用。

（2）功能区

功能区对于大部分 Solidworks 工具及插件产品均可使用。工具选项卡可以帮助用户进行特定的设计任务,如曲面或曲线等。由于命令选项卡中的命令显示在功能区中,并占用了功能区大部,其余工具栏默认是关闭的。要显示其余 Solidworks 工具栏,则可通过执行右键菜单命令,将 Solidworks 工具栏调出来,如图 1－3 所示。

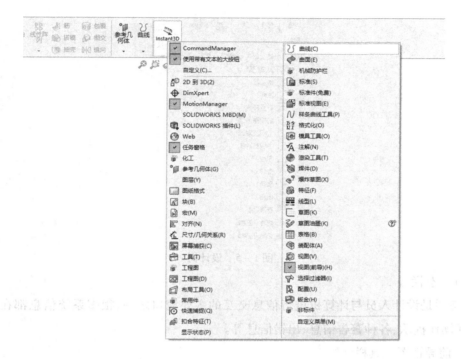

图 1 – 3　调出的 Solidworks 工具栏

（3）工具选项卡

工具选项卡是一个上下文相关工具选项卡，它可以根据用户要使用的工具栏进行动态更新。在默认情况下，它根据文档类型嵌入相应的工具栏，例如导入的文件是实体模型，"特征"选项卡中将显示用于创建特征的所有命令，如图 1 – 4 所示。

图 1 – 4　特征选项卡

（4）设计树

SolidWork 界面窗口左边的设计树提供激活零件、装配体或工程图的大纲视图。用户通过设计树将使观察模型设计状态或装配体如何建造，以及检查工程图中的各个图纸和视图变得更加容易。设计树控制面板包括 FeatureManager（特征管理器）设计树、PropertyManager（特性管理器）、ConfiguratiooMaoager（配置管理器）和 DimXpertManager（尺寸管理器）标签，如图 1 – 5 所示。

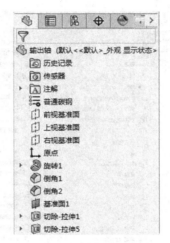

图 1 - 5　设计树

（5）状态栏

状态栏是设计人员与计算机进行信息交互的主要窗口之一，很多系统信息都在这里显示，包括操作提示、各种警告信息、出错信息等。

（6）前导视图工具栏

图形区是用户设计、编辑及查看模型的操作区域。图形区中的前导视图工具栏为用户提供了模型外观编辑、视图操作工具，它包括"整屏显示全图""局部放大视图""上一视图""剖视图""视图定向""显示样式""显示/隐藏项目""编辑外观""应用布景"及"视图设定"等视图工具，如图 1 - 6 所示。

图 1 - 6　前导视图工具栏

1.4　Solidworks 基本操作

Solidworks 功能十分庞大，种类较多。工具栏界面区域有限，一般展示了常用的工具菜单。全部功能基本无法罗列在用户界面中，部分未显示的功能及工具菜单需要用户自行设置并调用，即自定义所需的功能材料，来满足设计功能需求。

1.4.1　环境设置

在菜单栏执行"工具 > 选项"命令，程序弹出"系统选项 - 普通"对话框，对话框中包含"系统选项"选项卡和"文档属性"选项卡。在此对口框中可以对软件进行全面的自定义设置。

　　"系统选项"选项卡中主要有工程图、颜色、草图、显示/选择等系列选项,用户在左边选项列表框中选择一个选项,该选项名将在对话框顶端显示。如图1-7所示。

图1-7 "系统选项"选项卡

　　同理,若单击"文档属性"选项卡,对话框顶部将显示"文档属性"名称,横线后面显示的是选项列表框中所选择的设置项目名称,如图1-8所示。在文档属性选项卡中主要有工程图中图形标注,包括注解、尺寸、表格、单位等选项设置。

图1-8 "文档属性"选项卡

1.4.2　自定义功能区

Solidworks 功能区包含所有菜单命令的快捷方式。通过使用功能区，可以大大提高设计效率，用户根据个人的习惯可以自定义功能区。

合理利用功能区设立，既可以在操作上方便快捷，又不会使操作界面过于复杂。在菜单栏执行"工具 > 自定义"命令或在功能区右击，在弹出的快捷菜单中选择"自定义"命令，软件会弹出如图 1 - 9 所示的"自定义"对话框。

图 1 - 9　"自定义"对话框

在自定义对话框中，用户可以通过勾选所需功能的复选框将工具条显示在用户界面上，也可以在"自定义 > 命令"选项卡中，将设计所需的命令拖拽到功能区上。如图 1 - 10 所示（图中曲线箭头所指示意为鼠标拖拽）。

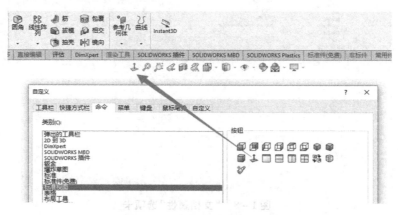

图 1 - 10　拖放按钮至功能区中

用户还可以在"键盘"和"鼠标手势"选项卡中,自定义命令键盘快捷键和鼠标手势,来加快设计中一些烦琐命令的操作。

1.4.3 常用操作

（1）新建文件

在启动 Solidworks 2018 后,会默认弹出欢迎界面,如图 1 – 11 所示。在欢迎界面的主页中,可以根据设计需求,可以点击新建栏中的按钮,启动对应的设计环境。或者在菜单栏中单击新建按钮,选择相应设计模板后,开始设计工作。

图 1 – 11　Solidworks2018 欢迎界面

（2）打开文件

在 Solidworks2018 欢迎界面提供了最近打开项目的预览框,用户可以通过双击鼠标左键打开,也可以通过菜单栏中的打卡文件按钮来打开零件。

（3）保存文件

Solidworks 提供了 3 种文件保存方法:保存、另存为和全部保存。"保存"是将修改的文档保存在当前文件夹中。"另存为"是将文档作为备份,另外存储在其他文件夹中,或者是更换文件存储类型进行存储。"全部保存"是将图形区中存在的多个文档适用修改后全部保存在各自的文件夹中。

（4）关闭文件 s

要退出(或关闭)单个文件,在设计窗口(也称工作区域)的右上方单击关闭按钮即可,如图 1 - 12 所示。要同时关闭多个文件,可以在菜单栏执行"窗口 > 关闭所有"命令。关闭文件后,最终退回到软件初始界面状态。

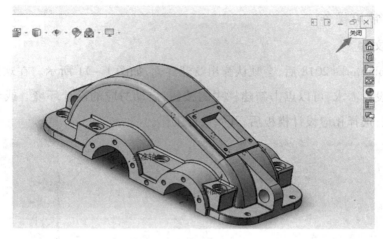

图 1 - 12　关闭单个文件

(5)控制模型视图

在应用 Solidworks 建模时,用户可以利用"视图"工具栏或者前导视图工具栏中的各项命令进行视图显示或隐藏的控制和操作,"视图"工具栏如图 1 - 13 所示。

图 1 - 13　"视图"工具栏

"视图"工具栏中各命令的含义如下表 1 - 1 所示

表 1 - 1　"视图"工具栏命令含义

图标	说明	图标	说明
缩放视图			
整屏显示全图	重新调整模型显示的大小,将绘图区内的所有模型调整到合适的大小和位置	旋转视图	在零件和装配体文档中旋转模型视
局部放大	放大所选的局部范围。在绘图区内确定放大的矩形范围,即可将矩形范围内的模型放大为全屏显示	翻转视图	在零件和装配体文档中翻滚模型视图
放大或缩小	动态放大或缩小绘图区内的模型。在绘图区内按住鼠标左键不放并移动光标,向上移动则放大图像,向下移动则缩小图像	平移	平移模型视图。单击平移按钮,按住鼠标左键不放并移动鼠标

续表

图标	说明	图标	说明
放大所选范围	放大所选模型中的一部分。在绘图区中选择要放大的实体,再单击"放大所选范围"按钮,即可将所选实体放大为全屏显示		
定向视图			
前视	将模型以前视图显示	上视	将模型以上视图显示
后视	将模型以后视图显示	下视	将模型以下视图显示
左视	将模型以左视图显示	等轴测	将模型以等轴测视图显示
右视	将模型以右视图显示	上下二等角轴测	将模型以上下二等角轴视图测显示
左右二等角轴测	将模型以左右二等角轴测视图显示	正视于	正视于所选的任何面或基准面
单一视图	以单一视图窗口显示模型	连接视图	连接视窗中的所有视图,以便一起移动和旋转
二视图－水平	以前视图和上视图显示模型	二视图－垂直	以前视图和右视图显示模型
四视图	以第一和第三角度投影显示模型		
上一视图	单击该按钮,返回上一视图状态	重设标准视图	将所有标准模型视图恢复为默认设置
新视图	单击该按钮,将当前视图方向以新名称保存	视图选择器	显示或隐藏关联内视图选择器,可以从任一方向选择
更新标准视图	将当前视图方向定义为指定的视图方向		
模型显示样式			
带边线上色	将模型进行带边界上色	隐藏线可见	模型的隐藏线以细虚线表示
上色	对模型进行上色	线架图	模型的所有边线可见
消除隐藏线	模型零件的隐藏线不可见	上色模式中的阴影	在上色模式中的模型零件下面显示阴影
隐藏/显示项目	用来更改图形区中项目的显示状态	剖视图	指定基准面或面切除模型,从而显示模型的内部结构

(6)对象选择

在默认情况下,退出命令后软件中的箭头光标始终处于激活状态。激活选择模式时,可使用鼠标在图形区域或在 FeatureManager(特征管理器)设计树中选择图形元素。懂得如何根据光标提示选择设计元素是加快设计周期行之有效的方法之一。

在光标接近点、线、面和实体时,软件会将这些设计元素进行高亮显示,软件提供了 8 种选择模式,如表 1 - 2 所示。

表 1 - 2 Solidworks 选择方式

方法	含义
框选	框选是将指针从左到右拖动, 完全位于矩形框内的独立项目被选择
交叉选择	交叉选择是将指针从右到左拖动,除了矩形框内的对象外,穿越框边界的 对象也会被选定
逆转选择	反转已选择的对象,将未选择的对象选中
选择环	选择一天边线即可选择一条封闭环
选择链	与选择环方法相似,其仅对草图曲线
选择其他	当模型中要进行选择的对象元素被遮挡或隐藏后,可利用选择其他进行选择
选择相切	利用选择相切方法,可选择一组相切曲线、边线或面,然后将诸如圆角或倒角之类的特征应用于所选项项目,隐藏的边线在所有视图模式中都被选择
强劲选择	强劲选择方法是通过预先设定的选择类型来强制选择对象的

2 创建草图

草图是由直线、圆弧等基本几何元素构成的几何实体,它构成了特征的界面轮廓或路径,并由此生成特征。Solidworks 的草图表现形式有两种:二维草图和三维草图。两者之间的主要区别在于二维草图是在草图平面上进行绘制的;三维草图则无须选择草图绘制平面就可以直接进入绘图状态,绘出空间的草图轮廓。

软件向用户提供了直观、便捷的草图工作环境。在草图环境中,可以使用草图绘制工具绘制曲线;可以选择已绘制的曲线进行编辑;可以对草图几何体进行尺寸约束和几何约束;还可以修复草图等等。软件草图环境界面如图 2−1 所示。

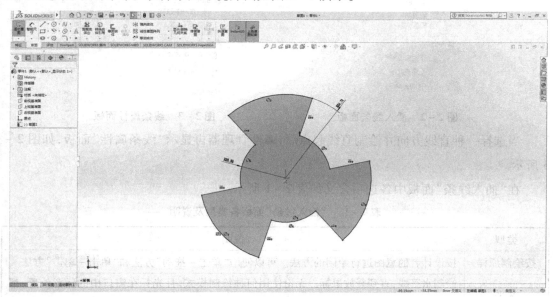

图 2−1　Solidworks 2018 草图环境界面

2.1 草图实体绘制

在 Solidworks 中,通常将草图直线或曲线分为基本曲线和高级曲线。本节将详细介绍草图的基本曲线,包括直线、中心线、圆、圆弧和椭圆等的绘制方法和注意事项。

（1）直线与中心线

在所有图形中，直线或中心线是最基本的图形实体。在命令管理器的"草图"工具栏下单击"直线"按钮，程序在属性管理器显示"插入直线"面板。如图 2 - 2 所示。

图 2 - 2　插入线条面板

图 2 - 3　线条属性面板

当选择一种直线方向并绘制直线起点后，属性管理器再显示"线条属性"面板，如图 2 - 3 所示。

在"插入线条"面板中各选项含义如表 2 - 1 所示。

表 2 - 1　"插入线条"面板各类型及说明

类型	说明
按绘制原样	按设计者的意图进行绘制的方法。可以使用"单击 - 拖动"方法和"单击 - 单击"方法
水平	绘制水平线，直到释放鼠标。无论使用何种绘制模式，且光标在窗口中的任意位置，都只能绘制出单条水平直线
竖直	绘制竖直直线，直到释放指针。无论使用何种绘制模式，都只能绘制出单条竖直直线
角度	以水平线成一定角度绘制直线，直到释放鼠标。可以使用"单击 - 拖动"模式和"单击 - 单击"模式
作为构造线	选中此复选框将生成一条构造线
无限长度	勾选此复选框可生成一条可修剪的没有端点的直线

线条属性：绘制直线或中心线起点后，显示"线条属性"面板，此面板中各选项含义如表 2 - 2 所列。

表2-2 "线条属性"面板选项组及含义

选项组	含义
现有几何关系	所绘制的直线是否有水平、垂直约束,若有则将显示在列表中
添加几何关系	在该选项组包括水平、竖直和固定3种约束。任选一种约束,直线将按约束进行绘制
参数	该选项组包括"长度"选项和"角度"选项。其中"长度"选项用于输入直线的精确度;"角度"选项用于输入直线与水平线之间的角度值
额外参数	该选项组用于设置直线端点在坐标系中的参数

中心线用作草图的辅助线,其绘制过程不仅与直线相同,其属性管理器中的操控面板也是相同的。不同的是,使用"中心线"草图命令生成的仅是中心线。因此,这里就不对中心线进行详细描述了。

(2)圆与周边圆

在草图模式中,Solidworks向用户提供了两种圆工具:圆和周边圆。按绘制方法不同,可将圆分为中心圆和周边圆。"周边圆"工具是"圆"工具的一种变种。

在命令管理器的"草图"工具栏上单击"圆"按钮,程序在属性管理器显示"圆"面板。在"圆"面板中,包括两种圆的绘制类型:圆和周边圆。如图2-4所示。

图2-4 "圆"面板

"圆"类型绘图是以圆心及圆上一点的方式来绘制标准圆的。"圆"类型的各选项设置、按钮命令的含义如表2-3所列。

表 2 – 3 "圆"面板各选项机说明

选项	说明
现有几何关系	当绘制的圆与其曲线有几何关系约束时,程序会将几何关系显示在列表框中。通过该列表框,用户还可以删除所有约束和单个约束
固定关系	单击此按钮,可将欠定义的圆进行固定,使其完全定义。固定后的圆不再允许被编辑
X 坐标置中	圆心在 X 坐标上的参数值,用户可更改此值
Y 坐标置中	圆心在 Y 坐标上的参数值,用户可更改此值
半径	圆的半径值,用户可更改此值

　　选择"圆"类型来绘制圆,首先指定圆心位置,然后拖动指针来指定圆的半径,当选择一个位置定位圆上的半径时,圆绘制完成。在"圆"面板没有关闭的情况下,用户可以继续绘制圆。

　　"周边圆"类型的选项设置是与"圆"类型的相同。"周边圆"类型是通过设定圆上 3 点的位置或坐标来绘制标准圆的。

　　(3)圆弧

　　圆弧为圆上的一段弧。软件向用户提供了 3 种圆弧绘制方法:圆心/起点/终点圆弧、切线圆弧和 3 点圆弧。在命令管理器的"草图"工具栏上单击"圆心/起点/终点圆弧"按钮,程序在属性管理器显示"圆弧"面板,如图 2 – 5 所示。

图 2 – 5 "圆弧"面板

"圆心/起点/终点圆弧"类型是以圆心、起点和终点方式来绘制圆的。选择"圆心/起点/终点画弧"类型来绘制圆弧,首先指定圆心位置,然后拖动指针来指定圆弧起点(同时确定圆弧的半径),指定起点后再拖动指针指定圆弧的终点。

"切线弧"是与直线、圆弧、椭圆或样条曲线相切的圆弧。绘制切线弧的过程是,首先在直线、圆弧、椭圆或者样条曲线的终点上单击以指定圆弧起点,接着再拖动鼠标以指定圆弧的终点,释放鼠标后完成一段切线弧的绘制。当绘制第一段切线弧后,"切线弧"命令仍然处于激活状态。若用户需要创建多段相切的圆弧,在没有中断切线弧绘制的情况下继续绘制出第二、三等段切线弧,此时可按"Esc"键或双击鼠标或者选择右键菜单中的"选择"命令,以结束切线弧的绘制。

"点画弧"类型是指定圆弧的起点、终点和中点的绘制方法。绘制3点画弧的过程是,首先指定圆弧起点,接着再拖动鼠标以指定相切圆弧的终点,最后拖动鼠标再指定圆弧中点。

(4)椭圆与部分椭圆

椭圆或椭圆弧是由两个轴和一个中心点定义的,椭圆的形状和位置由3个因素决定:中心点、长轴、短轴。椭圆轴决定了椭圆的方向,中心点决定了椭圆的位置。

"椭圆"绘制。在命令管理器的"草图"工具栏上单击"椭圆"按钮,在图形区域指定一点作为椭圆中心,属性管理器中将灰显"椭圆"面板,直至在图形区域依次指定长轴端点和短轴端点完成椭圆的绘制后,"椭圆"面板才亮显可用。如图2-6所示。

图2-6 "椭圆"面板

"部分椭圆"绘制。与绘制椭圆的过程类似,部分椭圆不但要指定中心点、长轴端点和短轴端点,还需要指定椭圆弧的起点与终点。"部分椭圆"的绘制方法与"圆心/起点/终点画弧"是相同的。在命令管理器的"草图"栏上点击"部分椭圆"按钮,在图形区域指定一点作为椭圆中心点,属性管理器中将灰显"椭圆"面板,直至在图形区域依次指定长轴端点、短轴端点、椭圆弧起点和终点并完成椭圆弧的绘制后,属性管理器亮显"椭圆"面板。

(5)矩形

软件向用户提供了 5 种矩形绘制类型,包括边角矩形、中心矩形、3 点边角矩形、3 点中心矩形和平行四边形。

在命令管理器的"草图"工具栏上单击"矩形"按钮,在属性管理器中显示"矩形"面板,但该面板"参数"选项组灰显,当绘制矩形后面板完全显亮,如图 2 −7 所示。

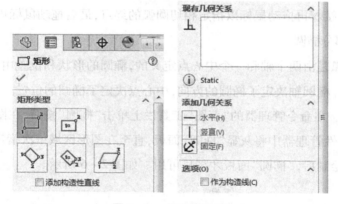

图 2 −7　"矩形"面板

在"矩形"面板的"矩形类型"选项组包含 5 种矩形绘制类型,如表 2 −4 所示。

表 2 −4　5 种矩形的绘制类型

类　型	说　　明
边角矩形	是指定矩形对角点来绘制标准矩形。在图形区域指定一个位置以放置矩形的第一个角点,拖动鼠标使矩形的大小和形状正确,然后单击以指定第二角点,完成边角矩形绘制
中心矩形	以中心点与一个角点的方法来绘制矩形。在图形区域指定一个位置放置矩形中心点,拖动鼠标使矩形的大小和形状正确,然后单击以指定矩形的一个角点,完成边角矩形的绘制
3 点边角矩形	以 3 个角点来确定矩形的方式,其绘制过程是,在图形区域指定一个位置作为第一角点,拖动鼠标以确定第二角点,再拖动指针以确定第三角点,指定 3 个角点后立即生成矩形

续表

类　型	说　明
3 点中心矩形	以所选的角度绘制带有中心点的矩形。其绘制过程是,在图形区域指定一个位置作为中心点,拖动鼠标在矩形平分线上指定中点,然后再拖动鼠标以一定角度移动指定矩形角点
平行四边形	以指定 3 个角度的方法来绘制 4 条两两平行且不互相垂直的平行四边形。平行四边形的绘制过程是,首先在图形区域指定一个位置作为第一角点,再拖动鼠标以一定角度移动来指定第三角点,完成绘制

（6）槽口曲线

　　槽口曲线工具是用来绘制机械零件中键槽特征的草图。软件提供了 4 种槽口曲线绘制类型,包括直槽口、中心点槽口、3 点圆弧槽口和中心点圆弧槽口等。在命令属性管理器的"草图"工具栏上单击"直槽口"按钮,且在属性管理器显示"槽口"面板,如图 2 – 8 所示。

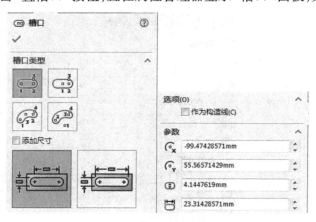

图 2 – 8　"槽口"面板

　　"槽口"面板包含 4 种槽口类型,"3 点圆弧槽口""中心点圆弧槽口""直槽口""中心点槽口"。

表 2 – 5　4 种槽口类型及绘制方法

类　型	说　明
直槽口	"直槽口"类型是以两个端点来绘制槽的
中心点槽口	"中心点槽口"类型是以中心点和槽口的一个端点绘制槽的。绘制方法是,在图形区域指定某位置作为槽口的中心点,然后移动鼠标指定槽口的另一端点,在指定端点后再移动鼠标指定槽口宽度

续表

类 型	说 明
3 点圆弧槽口	"3 点圆弧槽口"类型是在圆弧上用 3 个点绘制圆弧槽的。其绘制方法是,在图形区域单击,指定圆弧的起点,通过移动鼠标指定圆弧的终点并单击,接着移动鼠标指定圆弧的第三点再单击,最后移动鼠标指定槽口宽度
中心点圆弧槽口	"中心点圆弧槽口"类型是用圆弧半径的中心点和两个端点绘制圆弧槽口的。其绘制方法是,在图形区域单击,指定圆弧的中心点,通过移动鼠标指定圆弧的半径和起点,接着通过移动鼠标指定槽口长度并单击,再移动鼠标指定槽口宽度并单击生成槽口

(7)多边形

在"草图"工具栏中的"多边形"工具,是用来绘制圆的内切或外接正多边形的,变数可以在 3 ~40 之间。在命令属性管理器的"草图"工具栏上单击"多边形"按钮,在属性管理器显示"多边形"面板,如图 2 -9 所示。

图 2 -9   "多边形"面板

"多边形"面板中各选项含义如表 2 -6 所列。

表 2 -6   "多边形"面板各选项及含义

选 项	含 义
边数	通过单击上调、下调按钮或输入值来设定多边形中的边数
内切圆	在多边形内显示内切圆以定义多边形的大小。圆为构造几何线

续表

选 项	含 义
外接圆	在多边形内显示外接圆以定义多边形的大小。圆为构造几何线
X 坐标置中	多边形的中心点在 X 坐标上的值
Y 坐标置中	多边形的中心点在 Y 坐标上的值
圆直径	设定内切圆或外接圆的直径
角度	多边形的旋转角度
新多边形	单击此按钮以生成另外的坐标系

(8)样条曲线

样条曲线是使用诸如通过点或根据极点的方式来定义的曲线,也是方程式驱动的曲线。软件提供了两种样条曲线的生成和方法,包括多点样条曲线和方程式驱动的曲线。

(9)绘制圆角

绘制圆角工具在两个草图曲线的交叉处剪裁掉角部,从而生成一个切线弧。此工具在二维和三维草图中均可使用。用户可以通过一下命令方式来执行"绘制圆角"命令:在命令管理器的"草图"工具栏上单击"绘制圆角"按钮;在主界面的"草图"工具栏上单击"绘制圆角"按钮;在菜单栏执行"工具"–"草图工具"–"绘制圆角"命令;在笔势指南中选择"绘制圆角"笔势。执行"绘制圆角"命令后,在属性管理器显示"绘制圆角"面板,如图 2 – 10 所示。

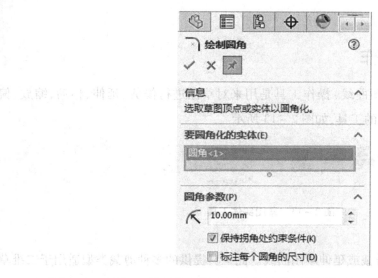

图 2 – 10 倒角面板

需要注意的是,要绘制圆角首先要绘制需要圆角处理的草图曲线。例如要在矩形的一个顶点出绘制圆角曲线,选择的方法大致有两种,一种是选择矩形两条边,另一种是选取矩形顶点。

(10)绘制倒角

用户可以使用"绘制倒角"工具在草图曲线中绘制倒角。软件提供两种定义倒角参数类型:"角度距离"和"距离 – 距离"两个单选按钮。

"角度距离"参数选项卡如图 2 – 11 所示。"距离 – 距离"参数选项卡如图 2 – 12 所示。

图 2 – 11   "角度距离"面板　　图 2 – 12   "距离 – 距离"面板

两种参数选项设置中的选项分别具有不同的含义。"角度距离"是将角度参数和距离参数来定义倒角;"距离 – 距离"是将按距离参数和距离参数来定义倒角;"相等距离"是将按相等的距离来定义倒角。与绘制圆角的方法一样,绘制倒角也可以通过选择边或者选择顶点来完成。

2.2   草图实体操作

草图实体(这里专指草图曲线)操作工具是用来对草图进行修剪、延伸、移动、缩放、偏移、镜像、阵列等操作和定义的工具,如图 2 – 13 所示。

图 2 – 13   草图实体工具

(1)剪裁实体

"剪裁实体"工具用于剪裁或延伸草图曲线。此工具提供的多种剪裁类型适用于二维草图和三维草图。在命令管理器的"草图"工具栏上单击"剪裁"面板,如图 2 – 14 所示。

图 2 - 14　"剪裁"面板

在面板的"选项"选项组中包含 5 种剪切类型:"强劲剪裁""边角""在内剪除""在外剪除"和"剪裁到最近端"。其中"强劲剪裁"和"剪裁到最近端"类型最为常用,如表 2 - 7 所示。

表 2 - 7　"剪裁"面板各类型及说明

剪裁类型	说　　明
强劲剪裁	强劲剪裁用于大量曲线的剪裁。修剪曲线时,无须逐一选取对象,可以在图形区域按住鼠标左键并拖动,与鼠标指针画线相交的草图曲线将被自动修剪
边角	边角修剪方法主要用于修剪相交曲线并需要指定保留部分。选取曲线的光标位置就是保留区域
在内剪除	"在内剪除"是选择两个边界曲线或一个面,然后选择要修剪的曲线,修剪部分为边界内
在外剪除	"在外剪除"与"在内剪除"的结构正好相反
剪裁到最近端	"剪裁到最近端"是单击剪裁,一次仅修剪一条曲线

(2)延伸实体

使用"延伸实体"工具可以增加草图曲线(直线、中心线或圆弧)的长度,使得要延伸的草图曲线延伸至与另一草图曲线相交。在命令管理器的"草图"工具栏上单击:"延伸实体"按钮,在图形区域将鼠标指针靠近要延伸的曲线,随后将以红色显示延伸曲线的预览,单击曲线将完成延伸操作,如图 2 - 15 所示。

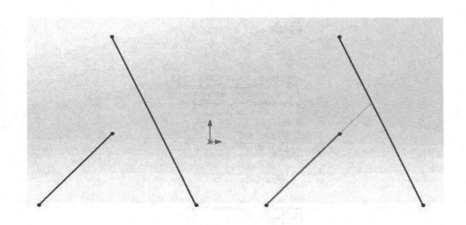

图 2 – 15　延伸曲线

（3）转换实体引用

转换实体不是将曲线转成实体模型，也不是将曲面转换成实体模型，这里的转换实体指的是将外部（先前创建的特征或草图）通过投影、相交转换成当前草图中的曲线。

用户可以通过投影一条边线、环、面、曲线或外部草图轮廓线，以及一组边线或一组草图曲线到草图基准面上，从而在草图中生成一条或多条曲线。

该工具对参考外部零件进行配套零件设计或装配过程中非常有效，如图 2 – 16 和图 2 – 17 所示。

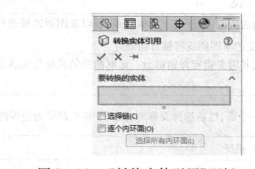
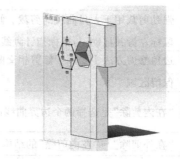

图 2 – 16　"转换实体引用"面板　　　　图 2 – 17　"转换实体引用"结果

（4）等距实体操作

"等距实体"工具可以将一个或多个草图曲线、所选模型边线或模型面按指定距离值等距离偏移、复制。在命令管理器的"草图"工具栏上单击"等距实体"按钮，属性管理器中显示"等距实体"面板，如图 2 – 18 所示。

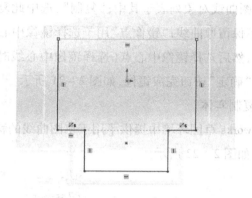

图2-18　"等距视图"面板　　　图2-19　"等距实体"操作

"等距实体"面板的"参数"选项组中各选项具有不同含义,如图2-19所示。"等距距离"用于设定数值以特定距离来等距草图曲线;"添加尺寸"是指选中此复选框,等距曲线后将显示尺寸约束;"反向"用于将反转偏移距离方向,选中"双向"复选框时,此选项不可用。"选项链"选项,选中此复选框,将自动选择曲线链作为等距对象;"双向"选项用于选中此复选框,可双向生成等距曲线。"制作基本结构"选项用于选中此复选框,将要等距的曲线对象变成构造曲线。"顶端加盖"选项可以为"双向"的等距曲线生成封闭端曲线。包括"圆弧"和"直线"两种封闭形式。

（5）镜像实体

"镜像实体"工具是以直线、中心线、模型实体边际线性工程图边线作为对称中心来镜像复制曲线的。在命令管理器的"草图"工具栏上单击"镜像实体"按钮,属性管理器中显示"镜像"面板,如图2-20所示。

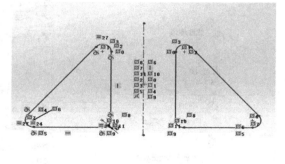

图2-20　"镜像"面板　　　图2-21　"镜像"操作结果

"镜像"面板的"选项"选项组中各选项含义如下:"选择要镜像的实体"可以将选择的要

镜像的草图曲线对象列表于其中;"复制",选中此复选框,镜像曲线后仍保留原曲线。取消选中,将不保留原曲线;"镜像点"用于选择镜像中心线。要绘制镜像曲线,先选择要镜像的对象曲线,然后选择镜像中心点(选择镜像中心线时必须激活"镜像点"列表框),最后单击面板中的"确定"按钮完成镜像,如图 2 – 21 所示。

(6)复制实体

Solidworks 草图环境中提供了用于草图曲线的移动、复制、旋转、缩放比例及伸展等操作的工具。如图 2 – 22 所示。

图 2 – 22 复制实体工具

"移动实体"是将草图曲线在基准面内按指定方向进行平移操作。"复制实体"是将草图曲线在基准面内按指定方向进行平移,但要生成对象副本。"旋转实体":使用"旋转实体"工具可将选择的草图曲线绕旋转中心进行旋转,不生副本。"缩放实体比例"是指草图曲线按设定的比例因子进行缩小或放大。在"比例"面板上勾选上"复制"复选框,就可以生成对象的副本。"伸展实体"是指草图中选定的部分曲线指定的距离进行延伸,使其整个草图被伸展。

(7)线性草图阵列

在命令管理器中的"草图"工具栏上单击"线性草图阵列"按钮,属性管理器将显示"线性阵列"面板,如图 2 – 23 和图 2 – 24 所示。

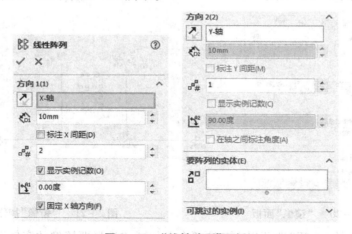

图 2 – 23 "线性阵列"面板

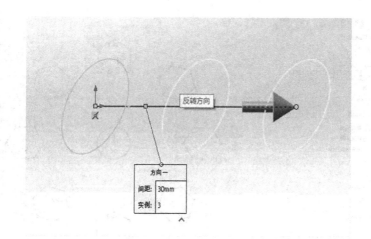

图 2 - 24　线性阵列操作

"线性阵列"面板中各选项含义如表 2 - 8 所列。

表 2 - 8　"线性阵列"面板各选项及含义

选项	含义
方向 1	主要设置 X 轴方向的阵列参数
方向 2	主要设置 Y 轴方向的阵列参数
反向	单击此按钮,将更改阵列方向。图形区域将显示阵列方向箭头,拖动箭头顶点可以更改阵列间距和角度
间距	设定阵列对象的间距
标注 X 间距	选中此复选框,生成阵列后将显示阵列对象之间的间距尺寸
数量	在 X 轴方向上阵列的对象数目
显示实力记数	选中此复选框,生成阵列后将显示阵列的数目记号
角度	设置与 X 轴有一定角度的阵列
在轴之间标注角度	生成阵列后将显示角度阵列的角度尺寸
要阵列的实体	选择要进行阵列的对象
要跳过的部分	在整个阵列中选择不需要的阵列对象

（8）圆周草图阵列

在命令管理器中的"草图"工具栏上单击"圆周草图阵列"按钮,属性管理器将显示"圆周阵列"面板,如图 2 - 25 和图 2 - 26 所示。

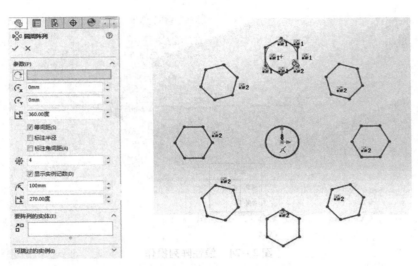

图 2 - 25　"圆周阵列"面板　　　　　　图 2 - 26　圆周阵列操作

"圆周阵列"面板中选项含义如表 2 - 9 所列。

表 2 - 9　"圆周阵列"面板各选项及含义

选项	含义
反向旋转	单击此按钮,可以更改旋转阵列的方向,默认方向为顺时针方向
中心 X	沿 X 轴设定阵列中心。默认的中心点坐标系原点
中心 Y	沿 Y 轴设定阵列中心
间距	设定阵列的旋转角度,也包括总度数
等间距	选中此复选框,将使阵列对象彼此间距相等
阵列数量	设定阵列对象的数量
半径	阵列参考对象中心(此中心始终固定)至阵列中心之间的距离
圆弧角度	设置从所选实体的中心到阵列的中心点或顶点所测量的夹角

2.3　草图几何约束

草图几何约束是指草图实体之间或草图实体与基准面、基准轴、边线,以及顶点之间的几何约束,可以自动或手动添加几何关系。在 Solidworks 软件中,二维和三维草图中草图曲线和模型几何体之间的几何关系是设计意图中的重要创建手段。几何约束是三维参数化建模的重要组成部分。

(1)几何约束类型

几何约束其实也是草图捕捉的一种特殊方式。几何约束类型包括推理和添加类型,如图2-10所示。

表2-10 Solidworks 草图模式中所有的几何关系。

几何关系	类 型	说 明
水平	推理	绘制水平线
垂直	推理	按垂直于第一条直线的方向绘制第二条直线,草图工具处于激活状态,因此草图捕捉中显示在直线上
平行	推理	按平行几何关系绘制两条直线
水平和相切	推理	添加切线弧到水平线
水平和重合	推理	绘制第二个圆。草图工具处于激活状态,因此草图捕捉的象限显示在第二个圆弧上
竖直、水平、相交和相切	推理和添加	按中心推理到草图原点绘制圆(竖直),水平线与圆的象限相交,添加相切几何关系
水平、竖直和相等	推理和添加	推理水平和竖直几何关系,添加相等几何关系
同心	添加	添加同心几何关系

(2)几何约束添加

一般来说,用户在绘制草图的过程中,程序会自动添加其几何关系。但是未选中"自动几何关系"复选框时,就需要用户手动添加几何关系了。

在命令管理器的"草图"工具上单击"添加几何关系",属性管理器将显示"添加几何关系"面板,如图2-27所示。当选择要添加几何关系的草图曲线后,"添加几何关系"选项组将显示几何关系选项。

图2-27 "添加几何关系"面板

根据所选的草图曲线不同,"添加几何关系"面板中的几何关系选项也会不同,如图 2 – 11 所示。

表 2 – 11　几何关系选择的草图曲线及所生产的几何关系的特点

几何关系	要选的草图	所产生的几何关系
水平或垂直	一条直线或多条直线,或两个或多个点	直线会变成水平或竖直(由当前草图的空间定义),而点会水平或竖直对齐
共线	两条或多条直线	项目位于同一条无限长的直线
全等	两个或多个圆弧	项目会共用相同的圆心和半径
垂直	两条直线	两条直线互相垂直
平行	两条或多条直线	项目互相平行,直线平行于所选基准面
相切	一个圆弧、椭圆或样条曲线,以及一条线或圆弧	两个项目保持相切
同轴心	两个或多个圆弧,或一个点和一个圆弧	圆弧共用同一圆心
中点	两条直线或一个点和一直线	点保持位于线段中点
交叉	两条直线和一个点	点位于直线、圆弧或椭圆上
重合	一个点和一条直线、圆弧或椭圆	点位于直线、圆弧或直线上
相等	两条或多条直线,或两个或多个圆弧	直线长度或圆弧半径保持相等
对称	一条中心线和两个点、直线、圆弧或椭圆	项目保持与中心线相等距离,并位于一条与中心线垂直的直线上
固定	任何实体	草图曲线的大小和位置被固定。然而,固定直线的端点可以自由地沿其下无限长的直线移动

(3)显示/删除几何约束

用户可以使用"显示/删除几何关系"工具将草图中的几何关系保留或者删除。在命令管理器的"草图"工具栏上单击"显示/删除几何关系"按钮,属性管理器将显示"显示/删除几何关系"面板,如图 2 – 28 所示。

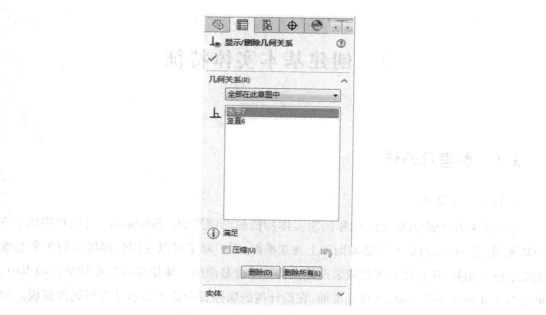

图 2-28 "显示/删除几何关系"面板

"显示/删除几何关系"面板中各选项含义如下:

过滤器:用于指定显示哪些几何关系。过滤器包括 8 种几何关系过滤类型。

信息:显示所选草图曲线的状态。

压缩:压缩所选草图曲线的几何关系,几何关系的名称变成灰暗色,图标也灰显,而信息状态从满足更改到从动。

删除:单击此按钮,将删除"几何关系"选项组列表框中所选的几何关系。

删除所有:单击此按钮,将删除草图中所有的几何关系。

撤销:单击此按钮,撤销前一步的删除操作。

实体:在"几何关系"选项组的列表框中列举每个所选草图实体。

拥有着:为外部模型中的草图实体显示几何关系所生成于的顶层装配体名称。

替换:单击此按钮,可选择的草图曲线替换另一草图曲线。

3　创建基本实体特征

3.1　参考几何体

3.1.1　基准面

基准面是用于绘制草图曲线和创建实体特征的参照平面。Solidworks 向用户提供了 3 个基准面：前视基准面、右视基准面和上视基准面,用户除了可以使用软件提供的 3 个基准面来绘制草图外,还可以在零件或装配体文档中生成基准面。使用者可以在特征选项卡中,单击参考几何体下拉菜单,选择基准面,在设计树的属性管理器中显示基准面属性面板。如图 3 - 1 所示。其中"第一参考"选项区域各约束选项的含义如表 3 - 1 所列。

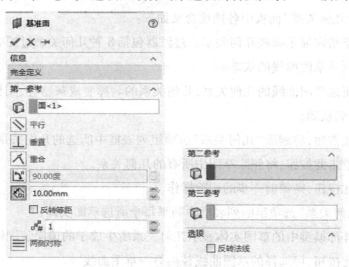

图 3 - 1　基准面属性面板

表 3 - 1　基准面约束选项含义

名称	说明
第一参考	在图形区域为创建基准面来选择平面参考
平行	选择此选项,将生成一个与选定参考平面平行的基准面
垂直	选择此选项,将生成一个与选定参考平面垂直的基准面

续表

名称	说明
重合	选择此选项,将生成一个穿过选定参考平面的基准面
两面夹角	选择此选项,将生成一个通过一条边线、轴线或草图线,并与一个圆柱面或基准面成一定角度的基准面
偏移距离	选择此选项,将生成一个与选定参考平面偏移一定距离的基准面。通过输入面数,来生成多个基准面
两侧对称	在选定的两个参考平面之间生成一个两侧对称的基准面
相切	选择此选项,将生成一个与所选圆弧面相切的基准面

注:在基准面属性面板中选择反转复选框,可在相反的位置生成基准面。

"第二参考"选项区域与"第三参考"选项区域包含与"第一参考"选项区域相同的选项,具体情况取决于用户的选择和模型几何体。根据需要设置这两个参考来生成所需的基准面。

3.1.2 基准轴

通常在创建几何体或创建阵列特征时会使用基准轴。当用户创建旋转特征或孔特征后,程序会自动在其中心显示临时轴,在前导功能区的"隐藏/显示项目"下拉菜单中单击"观阅临时轴"按钮,可以即时显示或隐藏临时轴。用户还可以创建参考轴(也称构造轴)。在"特征"选项卡的"参考几何体"下拉菜单中选择"基准轴"命令,在属性管理器中显示"基准轴"属性面板,如图 3-2 所示。

图 3-2 基准轴属性面板

"基准轴"属性面板中包括 5 种基准轴定义方式,如表 3-2 所示。

表3-2 5种基准轴定义方式

名称	说明
一直线/边线/轴	选择草图立线、边线,或选择视图、临时轴来创建基准轴
两平面	选择两个参考平面,且两平面的相交线将作为轴
两点/顶点	选择两个点(可以是实体上的顶点、中点或任意点)作为确定轴的参考
圆柱/圆锥面	选择圆柱或圆锥面,则将该面的圆心线(或旋转中心线)作为轴
点和面/基准面	选择一曲面或基准面及顶点或中点。所产生的轴通过所选顶点、点或中点而垂直于所选曲面或基准面。如果曲面为非平面,点必须位于曲面上

3.1.3 坐标系

坐标系用于确定模型在视图中的位置,以及定义实体的坐标参数。在"特征"选项卡的"参考几何体"下拉菜单中选择"坐标系"命令,在设计树的属性管理器中显示"坐标系"属性面板如图3-3所示。

图3-3 坐标系属性面板

若用户要定义零件或装配体的坐标系,可以按采用以下方法选择参考:选择实体中的一个点(边线中点或顶点);选择一个点,再选择实体边或草图曲线以指定坐标轴方向;选择一个点,再选择基准面以指定坐标轴方向;选择一个点,再选择非线性边线或草图实体以指定坐标轴方向。

3.1.4 点(参考点)

参考点可以用作构造对象,例如用作直线起点、标注参考位置、测量参考位置等。用户可以通过多种方法来创建点。在"特征"选项卡的"参考几何体"下拉菜单中选择"点"命令,在设计树的属性管理器中将显示"点"属性面板,如图3-4所示。

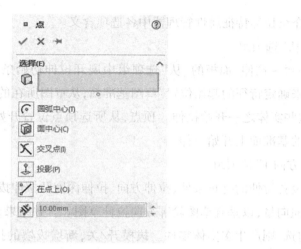

图3-4 "点"属性面板

3.2 材料添加工具

3.2.1 拉伸凸台/基体

拉伸特征是有截面轮廓草图通过拉伸得到的,当拉伸一个轮廓时,需要选择拉伸类型,拉伸属性管理器定义拉伸特征的特点。拉伸可以是基体、凸台或切除

单击"特征"选项卡上的"拉伸凸台/基体"按钮,选择基准平面(进入草绘环境完成草图绘制后)或现有草图后,属性管理器显示"凸台-拉伸"面板,如图3-5所示。

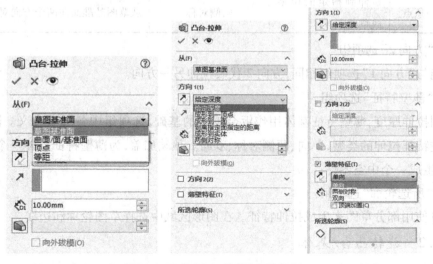

图3-5 "凸台-拉伸"属性面板

简要介绍拉伸特征属性管理器中各选项含义。

(1)"从"选项组

在"凸台－拉伸"面板的"从"选项组中展开拉伸初始条件的下拉列表。可以选取 4 种条件之一来确定特征的起始位置:草图基准面,从草图所在的基准面开始拉伸。曲面/面/基准面,从这些实体之一开始拉伸。顶点,从所选顶点位置开始拉伸。等距,从与当前草图基准面等距的基准面上开始拉伸。

(2)"方向 1"选项组

用来设置拉伸的终止条件、拉伸方向、拉伸深度及拉伸拔模等选项:拉伸方向,在图形区域选择方向向量,以垂直草图轮廓方向拉伸草图。合并结果,将所产生的实体合并到现有实体,如不勾选,则产生多实体零件。拔模开/关,新增拔模的拉伸特征,设定拔模角度。拉伸终止条件,拉伸终止条件决定特征延伸的方式,表 3-3 列出几种终止条件。

表 3-3　拉伸特征的终止条件

终止条件	说明	终止条件	说明
给定深度	指定深度的拉伸	成形到一面	拉伸到指定的曲面、面/基准面
完全贯穿	从草图基准面开始,贯穿所有几何体	到离指定面的指定距离	拉萨到指定面给定距离的面
成型到下一面	从草图基准面开始,拉伸成形到下一面截至	成形到实体	在图形区域选择要拉伸的议题作为实体/曲面实体,在装配体中拉伸时可以使用成形到实体,以延伸草图到所选实体
成形到一顶点	拉伸到指定的模型或草图顶点	两侧对称	从草图基准面向两个方向对称拉伸

(3)"方向 2"选项组

功能与"方向 1"选项组相同,方向 2 代表拉伸另一方向。

(4)"薄壁特征"选项组

控制拉伸厚度,薄壁特征基体用作钣金零件的基础,选项组中各选项含义。薄壁类型,设定薄壁特征拉伸的类型,单向、两侧对称、双向。顶端加盖,为薄壁特征拉伸一个指定厚度的顶盖,生成一个中空零件。

(5)"所选轮廓"选项组

允许使用部分草图来生成拉伸特征。在图形区域中选择草图轮廓和边线。

3.2.2　旋转凸台/基体

旋转特征是指通过绕中心线旋转一个或多个轮廓来添加或移除材料,可以生成凸台/基体、旋转切除或旋转曲面。旋转特征可以是实体、薄壁特征或曲面。

生成旋转特征条件如下:实体旋转特征的草图可以包含多个相交轮廓;薄壁或曲面旋转特征的草图可以包含多个开环的或闭环的相交轮廓;轮廓不能与中心线交叉。如果草图包含一条以上的中心线,请旋转要用作旋转轴的中心线。仅对于旋转曲面和薄壁特征而言,草图不能位于中心线上。

当在中心线内为旋转特征标注尺寸,将生成旋转特征的半径尺寸,如果通过中心线外为旋转特征标注尺寸时,将生成旋转特征的直径尺寸。

用户执行"特征 > 旋转凸台/基体"命令并进入草图模式绘制草图后,生成一个草图,包含一个或多个轮廓和一条中心线、直线或边线作为特征旋转所绕的轴。属性管理器显示"旋转"面板,如图 3-6 所示。

图 3-6 "旋转"属性面板

属性面板中各选项组的选项含义如下:

·旋转参数:设定旋转参数。

·旋转轴:旋转所绕的轴,可以是中心线、直线或边线。

·旋转类型:从草图基准面定义旋转方向,包括给定深度、成型到一顶点、成形到一面、成形到指定面的指定距离、两侧对称。

·角度:定义角度旋转所包含的角度,默认的角度为 360°,角度以顺时针从所选草图测量。

·薄壁特征:选择薄壁特征并设定厚度,单向、两侧对称、双向。

·方向 1 厚度:为单向和两侧对称薄壁特征旋转设定薄壁体积厚度。

·所选轮廓:在图形区域中选择轮廓来生成旋转。

3.2.3 扫描

扫描是指通过沿着一条路径移动轮廓来生成基体、凸台切除或曲面。特征生成准则如下:

·对于基体或凸台扫描特征,轮廓必须是闭环的;对于曲面扫描特征,则轮廓可以是闭环的也可以是开环的。

·路径可以为开环或闭环。

·路径可以是一张草图、一条曲线或一组模型边线中包含的一组草图曲线。

·路径必须与轮廓的平面交叉。

·不论是截面、路径或所形成的实体,都不能出现自相交叉的情况。

·引导线必须与轮廓或草图中的点重合。

用户可以通过执行"特征 > 扫描"命令打开扫描属性管理器面板,如图 3 - 7 所示。面板中各选项组中选项的含义下:

(1)轮廓和路径:设置扫描的轮廓和路径

·轮廓:设定用来生成扫描的草图轮廓,在图形区域中或设计树中选取草图轮廓。基体或凸台扫描特征的轮廓应为闭环,曲面扫描特征的轮廓可为开环或闭环。

·路径:设定轮廓扫描的路径。在图形区域或设计树中选取路径草图。路径可以是开环或闭合,以及包含在草图中的一组绘制的曲线、一条曲线或一组模型边线。

(2)选项:设置扫描选项

·方向/扭转控制:控制轮廓在沿路径扫描时的方向。

·路径对齐类型:在选择"随路径变化"方向/扭转类型后,当路径上出现少许波动和不均匀波动,使轮廓不能对齐时,可以将轮廓稳定下来。

·合并切面:如果扫描轮廓具有切线段,可使所产生的扫描中的相应曲面相切。保持相切的面可以是基准面,圆柱面或锥面。其他相邻面被合并,轮廓被近似处理。草图圆弧可以转换为样条曲线。

·显示预览:显示扫描的上色预览,取消选中此复选框只显示轮廓和路径。

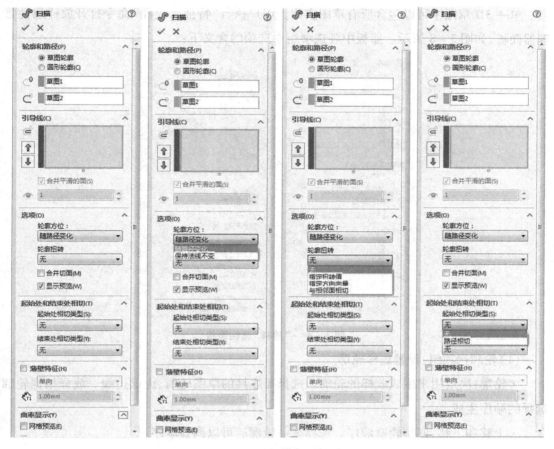

图3-7 "扫描"属性面板

（3）"引导线"列表：在图形区域中选择轮廓来生成旋转

·引导线：在轮廓沿路径扫描时加以引导。在图形区域选择引导线。

·上移和下移：调整引导线的顺序。选择某一引导线后可以调整轮廓顺序。

·合并平滑的面：取消选中此复选框以改进带引导线扫描的性能，并在引导线或路径不是曲率连续的所有点处分割扫描。

·显示截面：显示扫描的截面。

·起始处/结束处相切：设置起始处相切类型和结束处相切类型。

·薄壁特征：选中此复选框以生成某一薄壁特征扫描。

3.2.4 放样凸台/基体

放样是在轮廓之间生成平滑的过渡特征。放样可以是基体、凸台、切除或曲面，可以使用两个或多个轮廓生成放样。仅第一个或最后一个轮廓可以是点，也可以这两个轮廓均为点。单一 3D 草图中可以包含所有草图实体。用户执行"特征 – 放样"命令打开放样属性管理器面板,如图 3 – 8 所示。面板中各选项组中选项的含义下:

图 3 – 8 "放样"属性面板

(1)轮廓选项组:设置放样轮廓

· 轮廓:决定用来生成放样的轮廓。选择要连接的草图轮廓、面或边线。放样根据轮廓选择的顺序生成。

· 上移和下移:调整轮廓顺序。选择某一轮廓后可以调整顺序。

(2)起始/结束约束选项组

应用约束以控制开始和结束轮廓的相切。

(3)引导线选项组:设置放样引导线

· 引导线:选择引导线来控制放样

· 上移和下移:调整引导线的顺序。选择某一引导线后调节引导线顺序。

(4)中心线参数选项组:设置中心线参数

· 中心线:使用中心线放样。

· 截面数:在轮廓之间并绕中心线添加截面。移动滑杆来调整截面数。

· 显示截面:显示放样截面。

(5)草图工具选项组:用"选择管理器"帮助选取草图实体

(6)选项组:设置放样选项

· 合并切面:如果对应的线段相切,则使在所生成的放样中的曲面合并。

·闭合放样:沿放样方向生成–闭合实体。此选项会自动连接最后一个和第一个草图。

·显示预览:显示放样的上色预览。消除此选项则只观看路径和引导线。

(7)薄壁特征选项组:选择以生成一薄壁放样

需要注意的是,扫描特征与放样特征存在区别。主要是扫描特征是使用单一的轮廓截面,生成的实体在每一个轮廓位置上的实体截面都是相同或者是相似的。放样是使用多个轮廓截面,每个轮廓可以是不同的形状,这样生成的实体在每个轮廓位置上的实体截面就不一定相同或相似了,甚至可以完全不同。

3.3 材料切除工具

3.3.1 拉伸切除

拉伸切除是以一个或两个方向拉伸所绘制的轮廓来切除实体模型。在基体特征中,大部分基体特征为拉伸。用户执行"特征–拉伸/切除"命令打开拉伸切除属性管理器面板,如图3–9所示。

图3–9 "切除–拉伸"属性面板

"拉伸切除"命令的使用与"凸台–拉伸"几乎一样,差别在于"凸台–拉伸"是添加材料的命令,"拉伸/切除"是去除材料的命令。

3.3.2 异型孔向导

异型孔向导是用预先定义的剖面插入孔。用户执行"特征–异型孔"命令打开孔规格属性管理器面板,如图3–10所示。面板中各选项组中选项的含义如下:

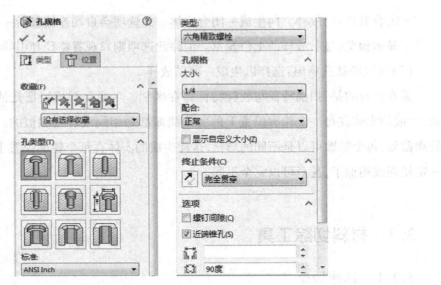

图 3 - 10   "孔规格"属性面板

（1）类型选项卡

设定孔类型参数。

（2）位置选项卡

在平面或非平面上找出异型孔向导孔。使用尺寸和其他草图工具来定位孔中心。

（3）收藏

管理在模型中重新使用的异型孔向导孔的样式清单。

（4）孔类型和孔规格

设定孔类型和孔规格,孔规格会根据孔类型而有所不同。使用属性管理器管理图像和描述性文字来设置选项。

（5）终止条件

类型决定特征延伸的距离。终止条件会根据孔类型而有所不同。

（6）选项

根据孔类型而发生变化。

3.3.3 旋转切除

旋转切除是通过绕轴心旋转绘制的轮廓来切除实体模型。用户执行"特征 > 旋转切除"命令打开旋转切除属性管理器面板,如图 3 - 11 所示。面板中各选项组中选项的含义如下:

图 3 – 11 "旋转 – 切除"属性面板

（1）旋转参数

设定相关参数。

（2）旋转轴

选择特征旋转所绕的轴。

（3）旋转方向

从草图基准面定义旋转方向,如有必要,单击反向按钮来反转旋转方向。

（4）角度

定义旋转所含的角度为360°。角度以顺时针从所选草图测量。

（5）所选轮廓

在图形区域中选择轮廓来生成选择。

3.3.4 扫描切除

扫描切除是指沿开环或闭合路径通过闭合轮廓来切除实体模型。用户执行"特征 > 扫描切除"命令打开扫描切除属性管理器面板,如图 3 – 12 所示。面板中各选项组中选项的含义如下:

图 3 – 12 "切除 – 扫描"属性面板

(1)轮廓和路径选项组:设置扫描的轮廓和路径

·轮廓:设定用来生成扫描的草图轮廓,在图形区域中或设计树中选取草图轮廓。基体或凸台扫描特征的轮廓应为闭环,曲面扫描特征的轮廓可为开环或闭环。

·路径:设定轮廓扫描的路径。在图形区域或设计树中选取路径草图。路径可以是开环或闭合,以及包含在草图中的一组绘制的曲线、一条曲线或一组模型边线。

(2)选项:设置扫描选项

·方向/扭转控制:控制轮廓在沿路径扫描时的方向。

·路径对齐类型:在选择"随路径变化"方向/扭转类型后,当路径上出现少许波动和不均匀波动,使轮廓不能对齐时,可以将轮廓稳定下来。

·合并切面:如果扫描轮廓具有切线段,可使所产生的扫描中的相应曲面相切。保持相切的面可以是基准面,圆柱面或锥面。其他相邻面被合并,轮廓被近似处理。草图圆弧可以转换为样条曲线。

·显示预览:显示扫描的上色预览,取消选中此复选框只显示轮廓和路径。

(3)"引导线"选项组:在图形区域中选择轮廓来生成旋转

·引导线:在轮廓沿路径扫描时加以引导。在图形区域选择引导线。

·上移和下移:调整引导线的顺序。选择某一引导线后可以调整轮廓顺序。

·合并平滑的面:取消选中此复选框以改进带引导线扫描的性能,并在引导线或路径不是曲率连续的所有点处分割扫描。

·显示截面:显示扫描的截面。

· 起始处/结束处相切:设置起始处相切类型和结束处相切类型。

· 薄壁特征:选中此复选框以生成某一薄壁特征扫描。

3.3.5 放样切除

放样切除是指在两个或多个轮廓之间通过移除材质来切除实体模型,用户执行"特征 > 放样切除"命令打开放样切除属性管理器面板,如图 3 – 13 所示。面板中各选项组中选项的含义如下:

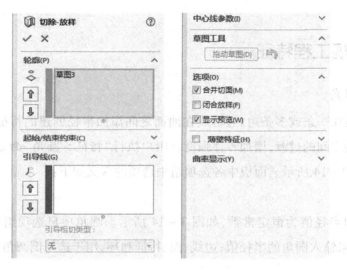

图 3 – 13 "切除 – 放样"属性面板

(1)轮廓选项组:设置放样切除轮廓

· 轮廓:巨大用来生成放样的轮廓。选择要连接的草图轮廓、面或边线。放样根据轮廓选择的顺序生成。

· 上移和下移:调整轮廓顺序。

(2)起始/结束约束选项组:应用约束以控制开始和结束轮廓相切

(3)引导线选项组:设置放样切除引导线

· 引导线:选择引导线来控制放样特征。

· 上移和下移:调整引导线顺序。

(4)中心线参数选项组:设置中心线参数

· 中心线:使用中心线引导放样。

· 截面数:在轮廓之间并绕中心线添加截面

· 显示截面:显示放样截面。

（5）草图工具选项组：使用选择管理器以帮助选区草图实体

·选项组：设置放样切除选项。

·合并切面：如果对应的线段相切，则使在所生成的放样中的曲面合并。

·闭合放样：沿放样方向生成一个闭合实体。此选项会自动连接最后一个和第一个草图。

·显示预览：显示放样的上色预览。取消选中此复选框则只能观看路径和引导线。

3.4 常规工程特征

3.4.1 圆角

圆角特征是在一条或多条边、边链或在曲面之间添加半径创建的特征。机械零件中圆角用来完成表面之间的过渡，增加零件强度。用户执行"特征 > 圆角"命令打开圆角属性管理器面板，如图 3 – 14 所示。面板中各选项组中选项的含义如下：

（1）等半径

要倒圆角的半径值为恒定常数，如图 3 – 14 所示。圆角项目选项组参数含义如下：半径，此文本框用来输入圆角的半径值；边线、面、特征和环，用于选择倒圆角对象。

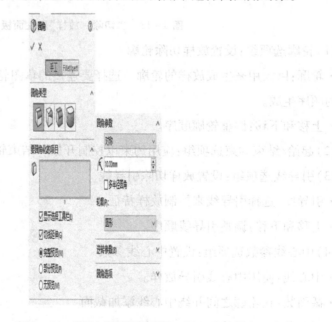

图 3 – 14 "圆角"属性面板图

（2）变半径

倒圆角的半径是变化的，如图 3 - 15 所示。

图 3 - 15 变半径圆角

（3）面圆角

用于在两相邻面的相交处创建圆角，如图 3 - 16 所示。

图 3 - 16 面圆角

（4）完整圆角

完整圆角针对相邻 3 个实体表面对中间面整体倒圆角，如图 3 - 17 所示。

（5）Filletxpert 类型圆角

通过 filletxpert 圆角类型，用户可以创建等半径圆角，也可以选中"多半径圆角"复选框后在一个特征中创建多个不同半径的圆角，并可对其中任意一个圆角对象的半径值进行修改。如图 3 - 18 所示。

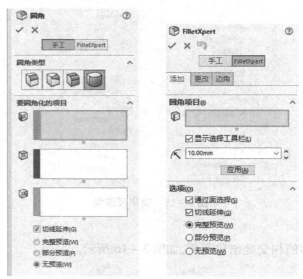

图 3 - 17　全圆角　　　　图 3 - 18　FilletXpert 圆角

3.4.2　倒角

倒角是在所选边线或顶点上生成一个倾斜面的特征造型方法，它跟"圆角"命令的使用方法与成型方式类似，差异是一倒角成形特征是直角，而圆角成形特征是圆弧面。工程上应用倒角一般是为了去除零件毛边或者满足装配要求。用户执行"特征 - 倒角"命令打开倒角属性管理器面板，如图 3 - 19 所示。面板中各选项组中选项的含义如下：

（1）倒角方式

·角度距离：输入一个角度和距离值来创建倒角。

·距离 - 距离：用两个距离来创建倒角。

·顶点：用 3 个距离来创建倒角。

·等距面：通过偏移选定边线相邻的面来求解等距面倒角。该软件将计算等距面的交叉点，然后计算从该点到每个面的法向以创建倒角。当非平面之间发生倒角化时，该方法屈服可预测的结果。等距面倒角可根据逐个边线更改方向，而且它们支持倒角化整个特征和曲面几何图形。

·面－面:混合非相邻、非连续的面。面－面倒角可创建对称、非对称、包络控制线和弦宽度倒角。

·反转方向复选框:用于反转倒角方向。

·距离:应用到第一个所选的草图实体。

·角度:应用到从一个草图实体开始的第二个草图实体。

图 3－19　"倒角"属性面板

(2)倒角选项

·"通过面选中"复选框:选中该复选框,可通过隐藏边线的面选取边线。

·"保存特征"复选框:选中该复选框后,系统将保留无关的拉伸凸台等特征。

·"切线延伸"复选框:选中该复选框后,所选边线延伸至被截断处。

·"完整预览"复选框:选择该复选框表示显示所有边线的倒角预览。

·部分预览复选框:选择该复选框表示只显示一条边线的倒角预览。

3.4.3　筋

筋特征是用于添加材料的方法来加强零件强度,用于创建附属零件的辐板或肋片,用户执行"特征－筋"命令在创建完一个草图或者选择一个已有草图才能打开筋属性管理器面板,如图 3－20 所示。面板中各选项组中选项的含义如下:

图 3-20 "筋"属性面板

（1）参数选项组

用于用户为筋特征进行相关参数设置。

（2）厚度

用于添加厚度到所选草图边上。

（3）拉伸方向

设置筋的生成方向。

（4）反转材料

更改轮廓拉伸方向。

（5）拔模

用于激活拔模或者关闭拔模，用于生成带有拔模斜度的筋。其中"向外拔模"用于更改拔模的方向。

（6）所选轮廓选项组

为草图中的多个线条筋设置拉伸参数。

3.4.4 拔模

拔模是以特定角度逐渐缩放截面特征，主要用于模具和铸件的零件设计中。用户执行"特征－拔模"命令打开拔模属性管理器面板（注意：拔模特征必须基于基础特征才能创建成功），如图 3-21 所示。面板中各选项组中选项的含义如下：

图 3 – 21 "拔模"属性面板

（1）拔模面板

·手工：控制特征层次。

·DraftXpert：自动测试并找出拔模过程的错误，如图 3 – 22 所示。

（2）Draftxpert 选项卡

·添加：生成新的拔模特征。

·更改：修改拔模特征。

（3）参数详解

·拔模类型选项组：设置拔模类型，有中性面、分型线、阶梯拔模等。

·拔模角度选项组：在其数值框中，可输入要生成拔模的角度。

·中性面选项组：决定磨具的拔模方向。

·拔模面选项组：选择被拔模的面。

·要拔模的项目选项组：设置拔模的角度、方向等参数。

·拔模分析选项组：核定拔模角度、检查面内角度，找出零件分型线、浇注面和出胚面等。

·要更改的拔模选项组:设置拔模角度、方向等参数。

·现有拔模选项组:根据角度、中性面或者拔模方向过滤所有拔模。

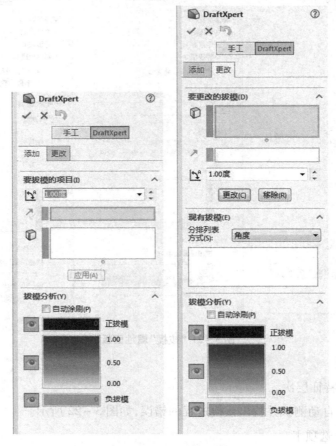

图 3 – 22　DraftXpert 选项

3.4.5　抽壳

抽壳是从实体零件移除材料来生成一个薄壁特征零件,抽壳会掏空零件,使所选择的面敞开,在剩余的面上留下指定壁厚的壳。若为选择实体模型上的任何面,实体零件将被掏空成一个闭合的模型。

在默认情况下,抽壳创建的实体具有相同的壁厚,用户可用单独指定某些表面指定厚度,从而创建出壁厚不等的零件模型。用户执行"特征 – 抽壳"命令打开拔模属性管理器面板,如图 3 – 23 所示。面板中各选项组中选项的含义如下:

图 3 – 23 "抽壳"属性面板

（1）参数选项组：为抽壳设置参数

·厚度：设置所生成的零件壳的厚度。

·移除的面：在实体模型中选择要被移除的一个或者多个面。

·壳厚朝外：选中此复选框后，抽壳后的零件将向外长出抽壳厚度，否则，在零件外轮廓内完成抽壳。

·显示预览：选中此复选框后，抽壳过程中将预览出当前设置下的抽壳形状。

（2）多厚度设定选项组：生成所有要保留面具有不同厚度的抽壳特征

·多厚度：设定要保留的所有面的厚度。

·多厚度面：选择模型中要保留的所有面。

（3）多厚度抽壳的创建

一般情况下，创建抽壳零件时选择一个移除面，定义一个厚度，有时为了建模需要，需创建多厚度抽壳，选择多个移除面时其操作如下：同前面的相同厚度抽壳操作相似，首先选择待移除面并输入抽壳厚度值；然后展开"多厚度设定"选项组，在零件上非移除面中选择一面，并输入该面对应的厚度值；同理，选择其余厚度的面，并输入对应面的对应厚度；单击确定按钮，完成多厚度抽壳特征的创建。

3.5 特征阵列操作

在产品实体特征建模中,经常会出现一些基本特征造型的重复生成,常见的有产品的散热孔、加强筋、螺纹孔、螺柱螺钉和元器件槽口等,采用软件中的阵列特征命令,有助于减少重复性工作,从而显著提高建模与设计效率。

3.5.1 线性阵列

线性阵列用于在线性方向上生成相同的特征。启动线性阵列命令后,弹出"线性阵列"面板,如图 3 – 24 所示。

图 3 – 24 "线性阵列"属性面板

(1)方向 1:主生成阵列方向

选择线性边线、直线或尺寸。如有必要,单击"反向"按钮来改变阵列的方向。

· 间距:为方向 1 设定阵列实例之间的间距。

· 实例数:为方向 1 设定阵列实例之间的数量。此数量包括原有特征或选择。

(2)方向 2:以第二方向生成阵列

· 阵列方向:为方向 2 阵列设定方向。

·间距：为方向 2 设定阵列实例之间的间距。

·实例数：为方向 2 设定阵列实例之间的数量。

·只阵列源：只使用源特征而不复制方向 1 的阵列实例在方向 2 中生成线性阵列。

（3）要阵列的特征：使用所选择的特征作

·要阵列的面：使用构成源特征的面生成阵列。在图形区域中选择源特征的所有面。这对于只输入构成特征的面而不是特征本身的模型很有用。

当使用要阵列的面时，阵列必须保持在同一面或边界内。不能跨越边界。例如，横切整个面或不同的层（如凸起的边线）将会生成一条边界和单独的面，阻止阵列延伸。

（4）要阵列的实体：使用在多实体零件中选择的实体生成阵列

（5）可跳过的实例

在生成阵列时跳过在图形区域中选择的阵列实例。当鼠标移动到每个阵列实例时，单击可以选择阵列实例。阵列实例的坐标出现在图形区域中及可跳过的实例之下。若想恢复阵列实例，再次单击图形区域中的实例标号。

（6）随形变化：允许重复时阵列更改

·几何体阵列：只使用特征的几何体（面和边线）来生成阵列，而不阵列和求解特征的每个实例。几何体阵列选项可以加速阵列的生成及重建。

·延伸视象属性：将颜色、纹理和装饰螺纹数据延伸给所有阵列实例。

3.5.2　圆周阵列

需要选择特征和旋转轴（或边线），然后指定镜像对象生成总数及镜像对象的角度间距或镜像对象总数及生成阵列的总角度。圆周阵列面板如图 3 – 25 所示。

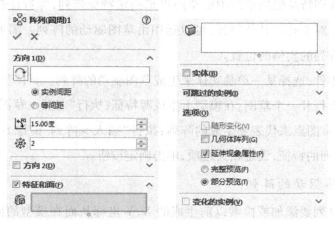

图 3 – 25　圆周阵列属性面板

圆周阵列与线性阵列相似,其不同之处的参数详解如下:

(1)阵列轴

在图形中选取一实体可以是基准轴、临时轴、圆形边线、草图直线、线性边线、草图直线圆柱面、曲面、旋转面。

(2)角度尺寸

设置生成相邻两个实体之间的夹角。

(3)阵列绕此轴生成

如有必要,单击反向按钮来改变圆周阵列的方向。

(4)角度

指定每个实例之间的角度。

(5)实例数

设定源特征的实例数。

(6)等间距

设定总角度为 360°,且阵列生成实体呈均匀分布排列。

3.5.3　曲线驱动的阵列

曲线阵列可使生成的实体沿着所选定的曲线方向复制图元。激活曲线阵列面板,选择特征和边线或阵列特征的草图线段,然后指定曲线类型、曲线方法和对齐方法,最后生成曲线阵列实体。

3.5.4　草图驱动的阵列

草图驱动的阵列特征使用草图中的草图点来指定特征阵列,源特征在整个阵列扩散到草图中的每个点。对于孔或其他特征,可以运用由草图驱动的阵列。需要为该特征绘制一系列的点来指定阵列的实例的位置。

对于多实体零件,选择某一单独实体来生成草图驱动的阵列。具体步骤如下:

在零件的面上打开一个草图;在模型上生成源特征;执行"工具 > 草图绘制实体 > 点"命令,然后添加多个草图点来代表要生成的阵列;执行"插入 > 阵列/镜像 > 草图驱动的阵列"命令;选择需要阵列的特征,设定相关选项,单击确定按钮。

3.5.5　表格驱动的阵列

表格驱动的阵列要添加或检索以前生成的 X、Y 坐标从而在模型的面上生成特征。一般的操作基本步骤如下:

1)创建需要阵列的特征或实体。

2)创建坐标系,表格驱动的阵列实际上就是一组坐标系数据形成的表格,创建表格驱动之前须创建坐标系。

3)启用表格驱动的阵列,依次单击"特征"选项卡中"线性阵列"下拉菜单中的"表格驱动的阵列"按钮;选择坐标系、要复制的特征、输入表格中坐标值等操作后,即可预览出表格驱动的阵列特征的效果。

3.5.6 填充阵列

使用特征阵列或预定义的形状来填充定义的区域,通常用于电气箱开散热孔、模具开通风孔等场合。填充阵列相对于线性阵列与圆周阵列而言,它更专注于区域生成待阵列实体。一般的操作基本步骤如下:

1)创建需要阵列的特征或实体。

2)选择填充边界,设置其他参数后单击确定即可创建。

3.5.7 随形阵列

随形变化阵列主要针对在阵列过程中,特征呈现一定规律变化的阵列。随形阵列最关键的问题是"随形",即找一条或多条"引线",让阵列沿着"引线"走,这条"引线"也就是随形阵列的核心了,最常用的方法自然是"辅助线",通过添加约束,使得阵列的特征与辅助线之间保持某种约束关系,实现随形。

随形阵列的基本步骤是:

1)分析变化规律绘制基本的特征关系。

2)选择某一个实体平面,绘制辅助线和阵列草图,并且确定相互之间的尺寸和约束关系。

3)选择尺寸作为阵列方向,确定阵列初始选项,选择阵列的特征,选择"随形变化"复选框。

3.5.8 镜像

软件不仅在草图中提供了"镜像"命令来镜像草图,在实体中也有"镜像"命令来镜像实体特征,甚至装配体中也有"镜像"命令来镜像零部件。镜像可以看成是一种特殊的阵列方式。

具体操作步骤是:

1)在特征选项卡中单击选定镜像按钮,弹出镜像属性面板,如图3-26所示。

2）在镜像属性面板选择待镜像的特征和镜像平面后，单击确定按钮即可完成特征的镜像。

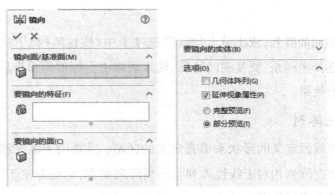

图 3 – 26　镜像属性面板

需要注意的是，特征的复制与镜像操作存在显著的差异。具体来说，特征的复制和镜像都是在源实体特征的基础上产生新的一模一样的特征，但是它们对于特征的修改和是否联动却有很大差异。例如镜像出来的实体没有草图，无法单独编辑，只能对源特征进行编辑从而使镜像特征也发生相应的变化；镜像后的特征与源特征并无关联，可以直接修改镜像后的特征，源特征不会产生联动变化。

3.6　螺旋线特征

螺旋线/窝状线用于从绘制的圆添加一螺旋线或窝状线，可在零件中生成螺旋线和涡状线曲线。此曲线可以被当成一个路径或引导曲线使用在扫描的特征上，或作为放样特征的引导曲线。用户执行"特征 – 曲线 – 螺旋线/涡状线"命令即可打开螺旋线/涡状线属性管理器面板，如图 3 – 27 所示。面板中各选项组中选项的含义如下：

- ·定义方式：设置螺旋线/涡状线的定义方式。
- ·螺距和圈数：生成一条由螺距和圈数所定义的螺旋线。
- ·高度和圈数：生成由高度和圈数所定义的螺旋线。
- ·高度和螺距：生成由高度和螺距所定义的螺旋线。
- ·涡状线：生成由螺距和圈数所定义的涡状线。
- ·参数：设置螺旋线/涡状线参数。
- ·恒定螺距：在螺旋线中生成恒定螺距。
- ·可变螺距：根据所指定的区域参数生成可变的螺距。

· 区域参数(仅对于可变螺距):为可变螺距螺旋线设定圈数或高度、直径及螺距率。

· 高度(仅限螺旋线):设定高度。

· 螺距:为每个螺距设定半径更改比率。

· 圈数:设定旋转数。

· 反向:将螺旋线从原点处往后延伸,或生成一条向内的涡状线。

图 3 - 27 螺旋线/涡旋线属性面板

· 起始角度:设定在绘制的圆上在什么地方开始初始旋转。

· 顺时针:设定旋转方向为顺时针。

· 逆时针:设定旋转方向为逆时针。

· 锥形螺纹线:设置锥形螺纹线

· 锥度角度巴:设定锥度角度。

· 锥度外张:设定并将螺纹线锥度外张。

以上简要介绍了 Solidworks 中三维实体建模操作的主要功能和特点。在实际使用过程中,使用者一般需要多种建模方式配合使用,才能够完成相对复杂零件的建模。

4 零件装配体设计

4.1 装配体设计功能介绍

装配是根据技术要求将若干零件接合成部件或将若干个零件和部件接合成产品的劳动过程。装配是整个产品制造过程中的后期工作,各部件需正确地装配,才能形成最终产品。如何从零部件装配成产品并达到设计所需要的装配精度,这是装配工艺要解决的问题。计算机辅助装配工艺设计是用计算机模拟装配人员编制装配工艺,自动生成装配工艺文件。因此它可以缩短编制装配工艺的时间,减少劳动量,同时也提高了装配工艺的规范化程度,并能对装配工艺评价和优化。

产品装配建模是一个能完整、正确地传递不同装配体设计参数、装配层次和装配信息的产品模型。它是产品设计过程中数据管理的核心,是产品开发和支持设计灵活变动的强有力工具。产品装配建模不仅描述了零部件本身的信息,而且还描述产品零部件之间的层次关系、装配关系,以及不同层次的装配体中的装配设计参数的约束和传递关系。

建立产品装配模型的目的在于建立完整的产品装配信息表达,一方面使系统对产品设计能进行全面支持;另一方面它可以为 CAD/CAM 系统中的装配自动化和装配工艺规划提供信息源,并对设计进行分析和评价。从不同的应用角度看,特征有不同的分类。根据产品装配的有关知识,零件的装配性能不仅取决于零件本身的几何特性(如轴孔配合有无倒角),还部分取决于零件的非几何特征(如零件的重量、精度等)和装配操作的相关特征(如零件的装配方向、装配方法及装配力的大小等)。

根据以上所述,装配特征的完整定义即与零件装配相关的几何、非几何信息,以及装配操作的过程信息。装配特征可分为几何装配特征、物理装配特征和装配操作 3 种类型。几何装配特征,包括配合特征几何元素、配合特征几何元素的位置、配合类型和零件位置等属性。物理装配特征是指与零件装配有关的物理装配特征属性。包括零件的体积、重量、配合面粗糙度、刚性及黏性等。装配操作特征,是指装配操作过程中零件的装配方向,以及装配过程中的阻力、抓拿性、对称性、有无定向与定位特征、装配轨迹和装配方法等属性。

4.2 装配环境

进入装配体环境有两种方法:第一种是新建文件时,在弹出的"新建 Solidworks 文件"对话框中选择"装配体"模板,单击"确定"按钮即可新建一个装配体文件,并进入装配体环境,如图 4 - 1 所示。第二种则是在零件环境中,在菜单栏执行"文件 > 从零件制作装配体"命令,切换到装配体环境,如图 4 - 2 所示。

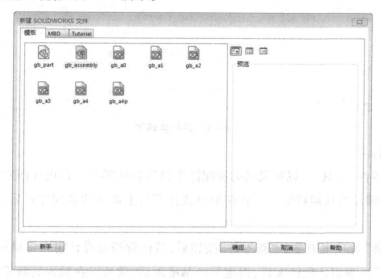

图 4 - 1 新建 Solidworks 文件对话框

当新建一个装配体文件或打开一个装配体文件时,即进入 Solidworks 软件装配体设计环境。装配体设计操作环境界面和零件模式的界面相似,装配体界面同样具有菜单栏、选项卡、设计树、控制区和零部件显示区。在左侧的控制区中列出了组成该装配体的所有零部件。在设计树最底端还有一个配合的文件夹,包含所有零部件之间的配合关系。

(1)插入零部件

插入零部件功能可以将零部件添加到新的或现有装配体中。插入零部件功能包括以下几种装配方法:插入零部件、新零件、新装配体和随配合复制。

"插入零部件"工具用于将零部件插入到现有装配体中。用户选择自下而上的装配方式后,先在零件模式中造型,可以使用该工具将之插入装配体,然后使用"配合"功能来定位零件。用户可通过以下方式来执行"插入零部件"命令:在命令管理器的"装配体"选项卡上单击"插入零部件"按钮;或者使用在主界面的"装配体"选项卡上单击在菜单栏执行"插入 –

零部件 – 现有零件/装配体"命令。

图 4 – 2 　装配体环境

（2）新零件

使用"新零件"工具,可以在关联的装配体中设计新的零件。在设计新零件时可以使用其他装配体零部件的几何特征。只有在用户选择了自上而下的装配方式后,才可以使用此工具。

在"装配体"选项卡中单击"新零件"按钮后,特征管理器设计树中将显示一个空的"零件 1^装配体 1"的虚拟装配体文件,指定某一基准面后,就可以在插入的新零件文件中创建模型了。

对于内部保存的零件,可不选取基准面,而单击图形区域的一空白区域,此时可将空白零件添加到装配体中。用户可编辑或打开空白零件文件并生成几何体。零件的原点与装配体的原点重合,则零件的位置是固定的。

（3）新装配体

当需要在任何一层装配体层次中插入子装配体时,可以使用"新装配体"工具。当创建了子装配体后,可以用多种方式将零部件添加到子装配体中。插入新的子装配体的装配方法也是自上而下的设计方法。插入的新子装配体文件也是虚拟的装配体文件。

（4）随配合复制

当使用"随配合复制"工具复制零部件或子装配体时,可以同时复制其关联的配合。"随配合复制"面板中各选项组及选项的含义如下:

·"所选零部件"选项组:该选项组下的列表框,用于收集要复制的零部件。

·复制该配合:单击此按钮,即可在复制零部件过程中复制配合,再单击此按钮则不复制配合。

·重复:仅当所创建的所有复件都使用相同的参考时可选中此复选框。

·要配合到的新实体:激活此框,可在图形区域中选择新配合参考。

·反转配合对齐:单击此按钮,改变配合对齐方向。

4.3 配合工具

配合就是在装配体零部件之间生成几何约束关系。当零件被调入到装配体中时,除了第一个调入的零部件或子装配体之外,其他的都没有添加配合,位置处于任意的浮动状态。在装配体设计环境中,处于浮动状态的零部件可以分别沿 3 个坐标轴移动,也可以分别绕 3 个坐标轴转动,即共有 6 个自由度。

当给零件添加装配关系后,可消除零件的某些自由度,限制了零件的某些运动,此种情况称为不完全约束。当添加的配合关系零件的 6 个自由度都消除时,称为完全约束,将处于固定状态。如同插入的第一个零部件一样(默认情况下为固定),无法进行拖动操作。

在菜单栏执行"插入 – 配合"命令。执行"配合"命令后,属性管理器将显示"配合"面板。面板中的"配合"选项卡将中包括有用于添加标准配合、机械配合和高零件级配合的选项。"分析"选项卡中各选项用于分析所选的配合,如图 4 – 3 所示。

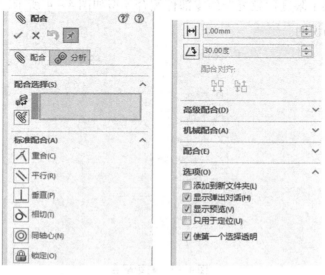

图 4 – 3 配合属性面板

"配合选择"选项组该选项组用于选择要添加配合关系的参考实体。激活"要配合的实体"选项,选择想配合在一起的面、边线、基准面等。这是单一的配合,多配合模式用于多个零件于同一参考的配合。

(1)标准配合

该选项组用于选择配合类型。SolidWor ks 提供了 9 种标准配合类型,包括:

·重合:将所选面、边线及基准面定位(相互组合或与单一顶点组合),使其共享同一个无限基准面。定位两个顶点使它们彼此接触。

·平行:使所选择的配合实体相互平行。

·垂直:使所选配合实体彼此间呈 90° 角放置。

·相切:使所选配合实体彼此相切放亚(至少有一个选择项必须为圆柱面、圆锥面或球面)。

·同轴心:使所选配合实体放置于共享同一中心线。

·锁定:保持两个零部件之间的相对位置和方向。

·距离:使所选配合实体彼此间以指定的距离放置。

·角度:使所选配合实体彼此间以指定角度放置。

·配合对齐:设置配合对齐条件。配合对齐条件包括同向对齐和反向对齐。同向对齐是指与所选面正交的向量指向同一方向;反向对齐是指与所选面正交的向量指向相反方向。

(2)高级配合

该选项组提供了限度比较复杂的零部件配合类型如图 4 - 4 所示,下表 4 - 1 列出了 6 种高级配合类型的说明。

图 4 - 4　高级配合

表4－1　高级配合选项及说明

高级配合	说明	高级配合	说明
对称配合	强制两个相似的实体相对于零部件的基准面或平面或者装配体的基准面对称	线性/线性耦合	在一个零部件的平移和另一个零部件的平移之间建立几何关系
宽度配合	使零部件位于凹槽宽度内的中心	距离配合	允许零部件在一定范围内移动
路径配合	将零部件上所选的点约束到路径	角度配合	允许零部件在角度配合一定数值范围内移动

（3）机械配合

在"机械配合"选项组中提供了6种用于机械零部件装配的配合类型，如图4－5所示。表4－2列出了6种机械配合类型的说明。

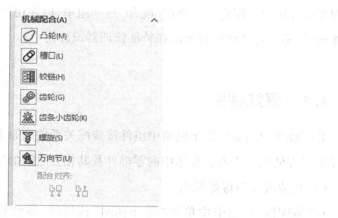

图4－5　机械配合

表4－2　机械配合选项及说明

机械配合	说明	机械配合	说明
齿轮配合	强迫两个零部件绕所选轴相对旋转，齿轮配合邮箱旋转轴包括圆柱面，圆锥面、轴和线性边线	齿条/小齿轮	通过齿条和小齿轮，某个零部件（齿条）的线性平移引起另一零件（小齿轮）做圆周旋转，反之亦然
铰链配合	将两个零部件之间的移动限制在规定的范围内。其效果相当于同心时添加同心配合和重合配合	螺旋配合	将两个零部件约束为同心，在一个零部件的旋转和另一个零部件的平移之间调教纵倾几何关系
凸轮配合	为相切或重合配合关系类型，他可以语序将圆柱、基准面和点，与一系列相切的拉伸曲面相配合	万向节	角度配合允许零部件在一定数值范围内移动

（4）"配合"选项组

"配合"选项组显示了配合面板打开时添加的所有配合，或正在编辑的所有配合。当配合列表框中有多个配合时，可以选择其中一个进行编辑、修改或删除。

（5）"选项"选项组

"选项"选项组包含用于设置配合的选项。各选项含义如下：

添加到新文件夹：选中此复选框后，新的配合会出现在特征管理器设计树的"配合"文件夹中。

显示弹出对话：选中此复选框后，用户添加标准配合时会出现配合文字标签。

显示预览：选中此复选框，在为有效配合选择了足够对象后便会出现配合预览。

只用于定位：选中此复选框，零部件会移至配合指定的位置，但不会将配合添加到特征管理器设计树中。配合会出现在"配合"选项组中，以便用户编辑和放置零部件，但当关闭配合面板时，不会有任何内容出现在特征管理器设计树中。

4.4 爆炸视图

装配爆炸视图是在装配模型中组件按装配关系偏离原来位置的拆分图形。爆炸视图的创建可以方便用户查看装配体中的零部件及其相互之间的装配关系。

（1）生成或编辑爆炸视图

在"装配体"选项卡中单击"爆炸视图"按钮匣，属性管理器中显示"爆炸"面板，如图4-6所示。爆炸面板中各选项组及选项含义如下：

图4-6　爆炸属性面板

· "爆炸步骤"选项组：该选项组用于收集爆炸到单一位置的一个或多个所选零部件。要删除爆炸视图,可以删除爆炸步骤中的零部件。

· "设定"选项组：该选项组用于设置爆炸视图的参数。

· 爆炸步骤的零部件：激活此列表框,在图形区域选择要爆炸的零部件件,随后图形区域将显示三重轴

· 爆炸方向：显示当前爆炸步骤所选的方向。可以单击"反向"按钮区改变方向。

· 爆炸距离：输入值以设定零部件的移动距离。

· 应用：单击此按钮,可以预览移动后的零部件位置。

· 完成：单击此按钮,保存零部件移动的位置。

· 拖动后自动调整零部件间距：选中此复选框,将沿轴心自动均匀地分布零部件组的间距。

· 调整零部件之间的间距：拖动滑块来调整放置的零部件之间的距离。

· 选择子装配体的零件：选中此复选框,可选择子装配体的单个零部件。反之则选择整个子装配体。

· 重新使用子装配体爆炸：使用先前在所选子装配体中定义的爆炸步骤。

除了在面板中设定爆炸参数来生成爆炸视图外,用户还可以自由拖动三重轴的轴来改变零部件在装配体中的位置。

(2)添加爆炸直线

创建爆炸视图以后,可以添加爆炸直线来表达零部件在装配体中所移动的轨迹。在"装配体"选项卡中单击"爆炸直线草图"按钮,属性管理器中显示"步路线"面板,并自动进入3D草图模式,程序会弹出"爆炸草图"工具栏。"步路线"面板也可以通过在"爆炸草图"工具栏中单击"步线"按钮来打开或关闭。

步路线面板如图4-7所示。3D设计草图模式中使用"直线"工具来绘制爆炸直线,爆炸直线绘制后将以幻影线显示。

在"爆炸草图"工具栏中单击"转折线"按钮,然后在图形区域选择爆炸直线并拖动草图线条以将转折线添加到该爆炸直线中。

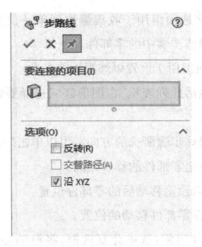

图 4 - 7　"步路线"属性面板

4.5　装配体设计操作示例

本例将以所示一级圆柱齿轮减速器装配体装配操作为示例,在 Solidworks 软件中完成一级圆柱齿轮减速器的装配操作。

(1)导入零件模型

新建装配体类型文件,并单击"插入零部件"按钮,依此导入素材文件:齿轮轴、齿轮上的挡油环、输入轴承,如图 4 - 8 所示。

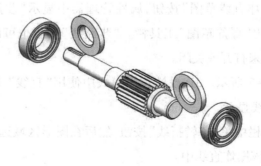

图 4 - 8　导入输入轴装配零件

(2)添加配合

单击"装配体"工具栏的"配合"按钮,选择"配合选择"选项组中的多配合模式,"普通参考"选择齿轮轴的任一圆柱表面,"零部件参考"依此选择轴承内圈圆柱面,挡油环内圈圆柱面,如图 4-9 所示。回车完成多零件的同心配合。

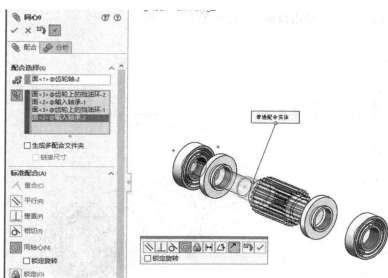

图 4-9　添加输入端同心配合

调整视图方向,继续选择挡油环的端面与齿轮轴端面,配合关系自动计算为重合。注意使挡油环的凸缘背对齿轮轴端面,如方向相反,单击反向按钮,如图 4-10 所示。

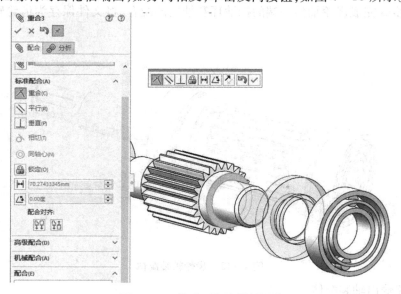

图 4-10　挡油环与齿轮轴配合

选择挡油环凸缘的端面与轴承端面,配合关系自动计算为重合。注意使挡油环的凸缘正对轴承端面,如方向不对,单击反向按钮,如图 4 – 11 所示。

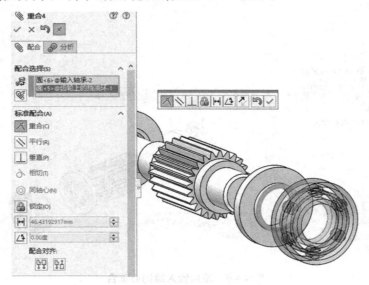

图 4 – 11　挡油环与输入轴承配合

（3）保持齿轮轴装配体

按上述步骤完成齿轮轴另一端的挡油环和抽出的配合,将文件保存为齿轮轴装配,如图 4 – 12 所示。

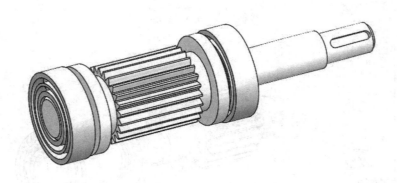

图 4 – 12　齿轮轴装配体

（4）新建输出轴装配体

新建装配体类型文件,并单击"插入零部件"按钮,依此导入素材文件:输出轴、输出轴上的齿轮、输出轴上的套筒、输入轴承、输出轴上的挡油环,发图 4 – 13 所示。

图 4 – 13　输出端零件

（5）轴上零件装配

单击"配合"按钮,选择"配合选择"选项组中的多配合模式,"普通参考"选择输出轴的任一圆柱表面,"零部件参考"依此选择轴承内圈圆柱面,挡油环内圈圆柱面,齿轮内圈圆柱面,套筒内圈圆柱面,如图 4 – 14 所示。回车完成多零件的同心配合。单击确定。

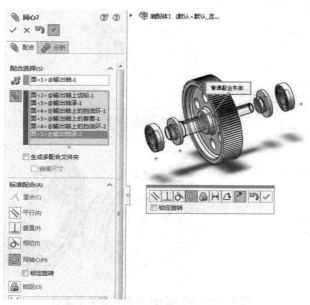

图 4 – 14　约束输出端零件同心

取消选择多配合模式,调整视图方向,选择挡油环端面和输出轴轴肩端面,Solidworks 自动计算配合关系为重合。单击确定,如图 4 – 15 所示。

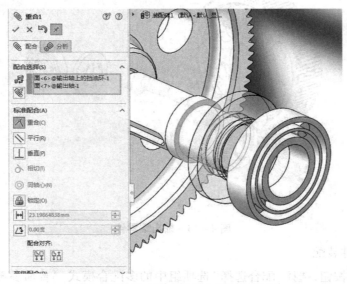

图 4 – 15　约束输出轴轴与挡油环重合

选择挡油环端面和输出轴承端面,软件可以自动计算并推理配合关系为重合。单击确定,如图 4 – 16 所示。

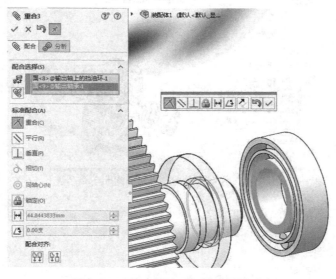

图 4 – 16　约束挡油环与输出轴承重合

选择齿轮端面和输出轴轴肩端面,Solidworks 自动计算配合关系为重合。单击确定,如图 4 – 17 所示。

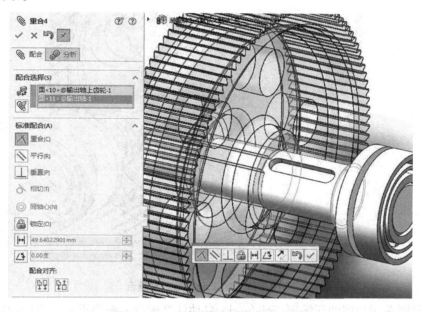

图 4 – 17　约束齿轮与定位轴肩重合

选择齿轮上键槽端面和输出上键槽端面,Solidworks 自动计算推理配合关系为重合。单击确定,如图 4 – 18 所示。

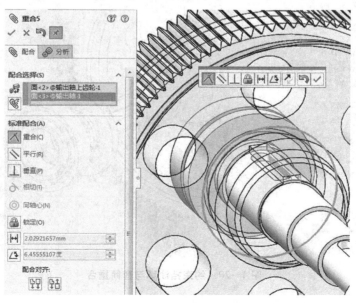

图 4 – 18　约束齿轮键槽与输出轴键槽重合

选择齿轮端面和套筒端面,Solidworks 自动计算推理配合关系为重合。单击确定,如图 4－19所示。

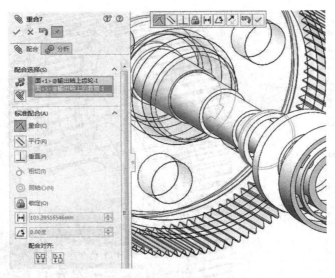

图 4－19　约束齿轮与套筒重合

选择套筒端面和挡油环端面,Solidworks 自动计算配合关系为重合。单击确定,如图 4－20 所示。

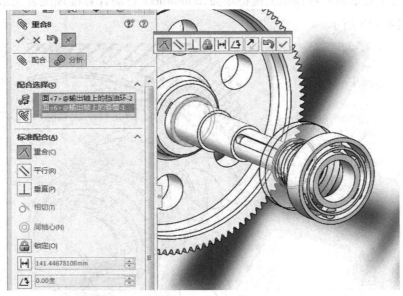

图 4－20　约束挡油环与套筒重合

选择挡油环端面和轴承端面,Solidworks 自动计算配合关系为重合。单击确定,如图 4 – 21 所示。

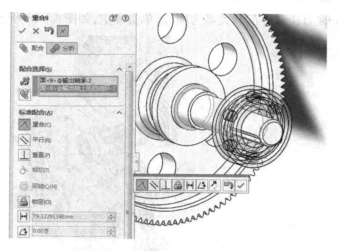

图 4 – 21　约束挡油环与输出轴承重合

(6)保存输出轴装配体

单击保存按钮,将文件保存为输出轴装配。

(7)整机装配

新建装配体类型文件,并单击"插入零部件"按钮,依此导入素材文件:机座、齿轮轴装配、输出轴装配、机座输入端的轴承端盖、机座输出端的轴承端盖和机盖,如图 4 – 22 所示。

图 4 – 22　导入减速器零部件

移动光标指向机盖零件,按下 Tab 键,隐藏机盖零件,单击"配合"工具按钮,单击多配合模式,"普通参考"选择机座输入端圆柱面,"零部件参考"依次选择齿轮轴圆柱面,输入端端盖圆柱面,Solidworks 自动计算配合关系为同心,单击确定,如图 4 – 23 所示。

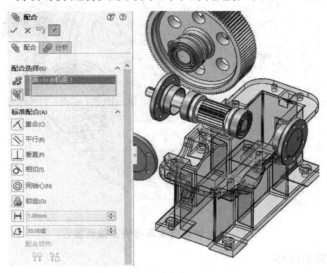

图 4 – 23   约束输入端同心

同理,选择"普通参考"为机座输出端圆柱面,"零部件"参考依次选择输出轴圆柱面,输出端端盖圆柱面。Solidworks 自动计算配合关系为重合,单击确定,如图 4 – 24 所示。

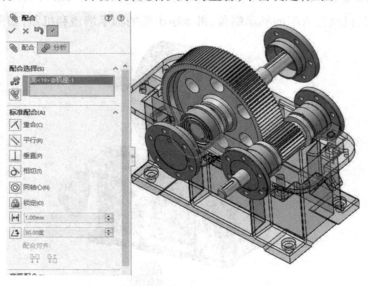

图 4 – 24   约束输出端同心

取消选择多配合模式,选择输出端端盖端面与机座端面,Solidworks 自动计算配合关系为重合,单击确定,如图 4 – 25 所示。

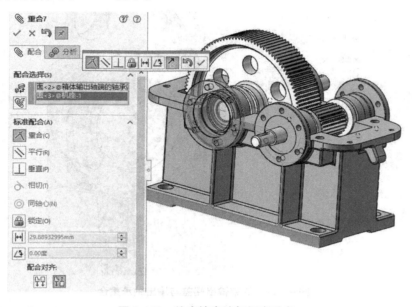

图 4 – 25　约束输出端与机座重合

选择输出端端盖圆柱孔机座螺纹孔圆柱面,Solidworks 自动计算配合关系为同心,端盖完全定义。单击确定,如图 4 – 26 所示。

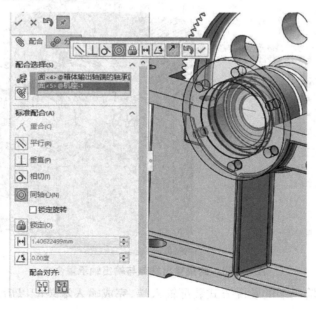

图 4 – 26　约束输出端盖孔同心

选择输出端端盖内侧端面与轴承端面,Solidworks 自动计算配合关系为重合,单击确定,如图 4 – 27 所示。

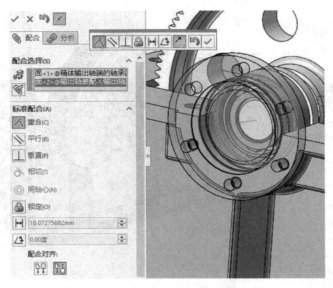

图 4 – 27　约束输出端盖与输出轴承重合

选择另一侧输出端端盖内侧端面与轴承端面,Solidworks 自动计算配合关系为重合,单击确定,如图 4 – 28 所示。

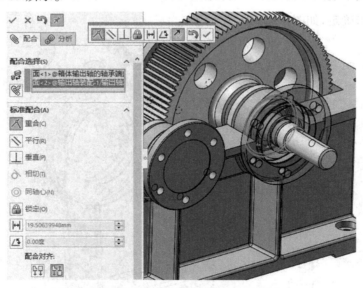

图 4 – 28　约束输出端盖与输出轴承重合 2

按照上述装配输出端的装配方式装配输入端,完成输入端装配以后,添加齿轮轴与齿轮的机械配合关系。

（8）齿轮配合设定

下拉机械配合组，选择齿轮配合关系，依次点击齿轮轴上的齿顶边线与齿轮上的齿顶边线。单击确定，如图4–29所示。

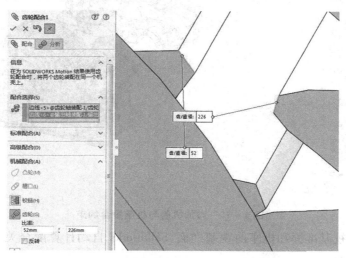

图4–29　约束齿轮轴与齿轮为齿轮配合

（9）机盖装配

右键单击设计树中的机盖，单击显示零部件按钮，显示机盖零件，如图4–30所示。

图4–30　显示机盖零件

单击"配合"工具，选择机盖底面和机座顶面，Solidworks自动计算配合关系为重合，单击确定，如图4–31所示。

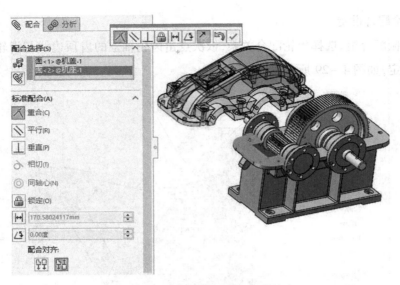

图 4 – 31　添加机盖与机座重合约束

选择机盖前视基准面和机座前视基准面,Solidworks 自动计算配合关系为重合,单击确定,如图 4 – 32 所示。

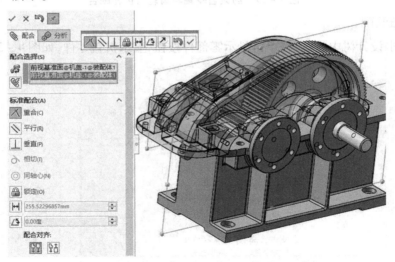

图 4 – 32　约束机盖与机座前视基准面重合

选择机盖前端面和机座前端面,Solidworks 自动计算配合关系为重合,单击确定,如图 4 – 33所示。

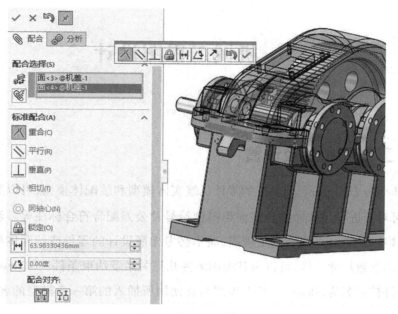

图 4 - 33 约束机盖与基座端面重合

(10)保存整机装配体

到此,一级圆柱齿轮减速器装配完成,如图 4 - 34 所示。单击保存按钮即可保存文件。

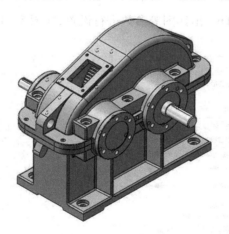

图 4 - 34 最终结果图(装配体)

5 机械工程图设计

5.1 工程图概述及设置

在 Solidworks 软件中,利用生成的零件三维实体模型和装配体模型,可以直接生成工程图,接着即可对其进行尺寸标注和表面粗糙度符号及公差配合符合标注等。软件还支持使用二维绘图模块及工具直接绘制工程图,而不必考虑所设计的零件或装配体模型。所绘制的几何实体和参数尺寸一样,可以为其添加多种几何关系及约束条件。Solidworks 软件使用的工程图文件扩展名为. slddrw。新工程图名称使用所插入的第一个模型的名称,该名称在标题栏中显示。

5.1.1 设置工程图选项

工程图属性设置:单击系统选项对话框中选择"文档属性"选项卡,用户可用分别对绘图标准、注解、尺寸、表格、单位、出详图等参数进行设置,如图 5-1 所示为注解设置页面。

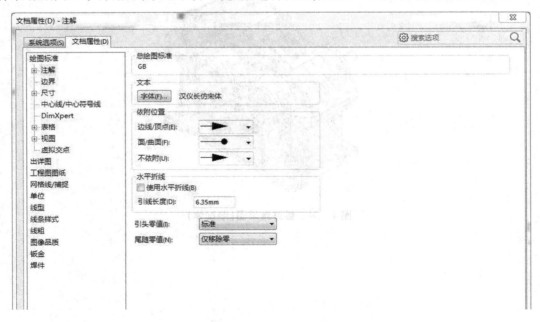

图 5-1 注解设置页面

投影视图有"第一视角"和"第三视角",中国、德国和法国等国家使用第一视角,美国、英国和日本等国家习惯使用第三视角。当工程图中投影类型不符合设计制图标准要求时,用户可通过设定步骤实现更换。即在图形区域右击,弹出快捷菜单中选择"属性"命令,弹出"图纸属性"对话框,如图5-2所示。用户可利用"投影类型"选项组,选择"第一视角"或者"第三视角"单选按钮实现基本视角的转换。

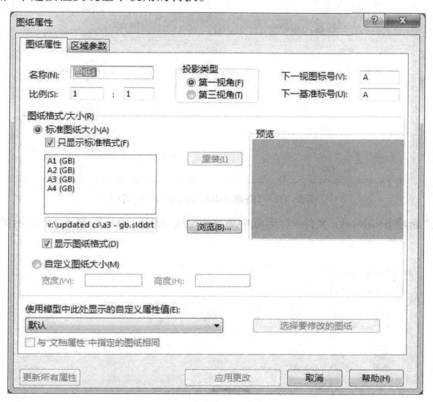

图5-2 "图纸属性"对话框

5.1.2 建立工程图文件

工程图通常包含一个零部件或装配体的多个视图。在创建工程图之前,需要保存零部件的三维模型。

要创建一个工程图的操作基本步骤如下:

1)单击"标准"工具栏上的"新建"按钮,或执行菜单栏中的"文件"|"新建"命令,打开如图5-3所示"新建Solidworks文件"对话框。

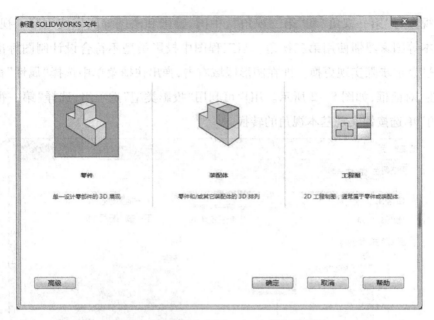

图 5 – 3 "**新建 Solidworks 文件**"**对话框**

2）在"新建 Solidworks 文件"对话框中单击"高级"按钮,弹出如图 5 – 4 所示的"模板"选项卡。

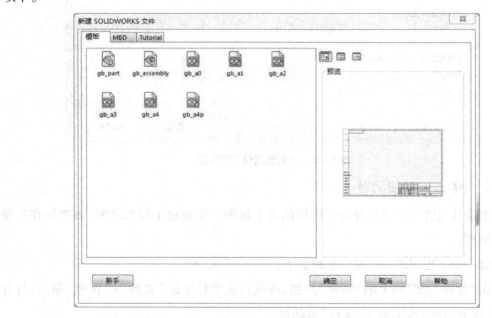

图 5 – 4 "**模板**"**选项卡**

在"模板"选项卡中选择图纸模版,然后单击"确定"按钮,亦可加载图纸模版。

3）加载图纸模板后弹出如图 5 - 5 所示的窗口，用户通过"浏览"打开需要制作工程图的零件来生成工程图。

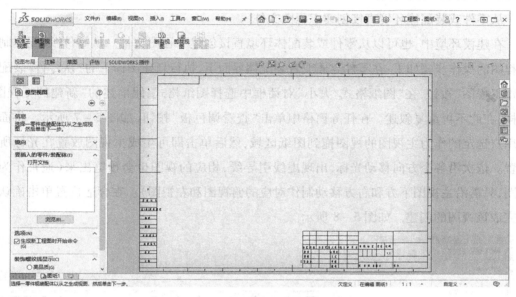

图 5 - 5 模板图纸界面

4）用户也可以单击"取消"按钮直接进入工程图窗口，当前图纸的大小和比例等信息显示在窗口底部的状态栏中，如图 5 - 6 所示。

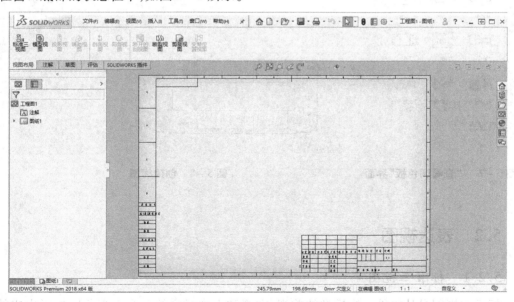

图 5 - 6 工程图界面

至此,已经成功进入工程图环境中,接下来需要在工程图中进行视图的创建和相关尺寸标注、技术要求等具体操作。

从零件或装配体环境直接创建工程图文件

在建模环境中,也可以从零件或装配体环境直接创建工程图文件。从零件/装配体制作工程图的操作步骤如下:在零件界面或者装配体界面下,执行新建图标下的"从零件/装配体制作工程图"按钮,在"图纸格式/大小"对话框中选择图纸格式,跟前述的"新建的工程图"一样,在此不再重复叙述。在任务窗格中单击"查看调色板"按钮,如图 5-7 所示。将面板中用户选定的作为主视图的视图拖到图纸区域,然后单击即可生成主视图放置在光标所在位置。依次沿各个方向移动光标,出现虚线引导线,相应的视图也会预览出来(通常作为三视图,只需沿主视图下方和右方移动制作对应的俯视图和左视图)。在合适位置单击确认即可完成该视图的创建。如图 5-8 所示。

图 5-7 "查看调色板"界面

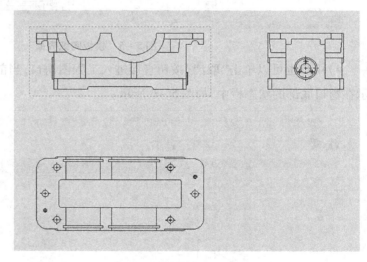

图 5-8 创建视图

5.2 表达视图

5.2.1 标准三视图

标准三视图是从零件三维模型的前视、左视和上视对应的 3 个正交角度投影生成的正交视图。根据投影规律,在标准三视图中,主视图与俯视图及左视图有固定关系的对齐关系。俯视图可以竖直移动,左视图可以水平移动。

下面介绍两种环境下的标准三视图生成方法。

(1)模型视图法

在此新建一张工程图,并利用模型视图生成的标准三视图,其操作步骤如下:执行新建工程图,在"模型视图"面板中,执行"要插入的零件/装配体"|"打开文档"命令,选择一个已经打开的实体文档,或单击"浏览"按钮找到要制作标准三视图的零部件。在"模型视图"面板中的"方向"选项组中选中"生成多视图"复选框,然后单击"前视""上视"和"左视"按钮,如图5-9所示。单击"确定"按钮,生成模型的三视图。如图5-10所示。

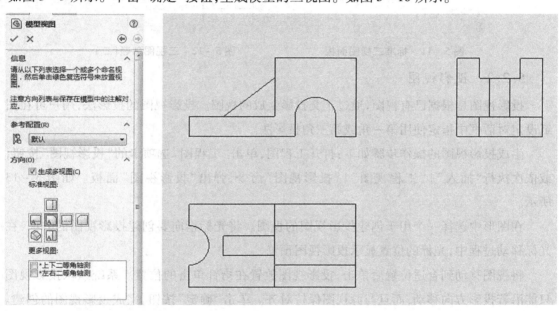

图5-9　模型视图面板　　　　　　　图5-10　三视图创建(一)

(2)标准通用方法

"工程图"选项卡中单击"标准三视图"按钮,或者执行"插入"-"工程视图"-"标准三视图"命令,弹出"标准三视图"面板,如图5-11所示。接着打开要创建三视图的零件,单击"确定"按钮,程序即可自动创建标准三视图,如图5-12所示。

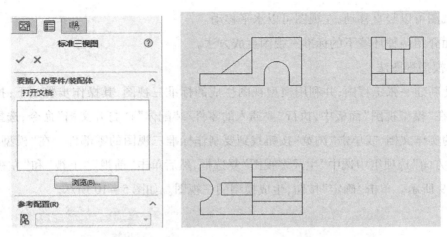

图 5 – 11　标准三视图面板　　　　图 5 – 12　三视图创建(二)

5.2.2　投影视图

投影视图是根据已有视图,通过正交投影生成的视图。投影视图的投影法,用户可在图纸设定对话框中指定使用第一角或第三角投影法。

生成投影视图的操作步骤如下:打开工程图,单击"工程图"选项卡的"投影视图"按钮,或依次执行"插入"∣"工程视图"∣"投影视图"命令,弹出"投影视图"面板。如图 5 – 13所示。

在图形中选择一个用于创建投影视图的视图。将光标指向要创建投影视图的方向,在光标移动过程中,光标的位置显示投影视图预览。

将视图移动到合适位置后单击,投影视图放置在指针单击的位置。系统默认投影视图只能沿着投影方向移动,而且与源视图保持对齐。单击"确定"按钮,完成投影视图的创建。如图 5 – 14 所示。

(1)辅助视图

辅助视图的用途相当于机械制图中的斜视图,是一种特殊的投影视图,在恰当的角度上向选定的面或轴进行投影,用来表达零件的倾斜结构。生成辅助视图步骤如下:

首先,单击"工程图"选项卡中的"辅助视图"按钮或依次执行"插入"∣"工程视图"∣"辅助视图"命令,弹出"辅助视图"面板。接着,选择参考边线。参考边线可以是零件的边线、侧轮廓边线、轴线或者所绘制的直线。将光标指向要创建辅助视图的方向,在光标移动过程中,在光标位置显示辅助视图预览,同时在辅助视图的反侧显示投影方向的箭头符号。如图5 – 15 所示。最后,将视图移动到合适的位置后单击,投影视图放置在鼠标单击的位置。若有必要,用户可更改视图方向。单击"确定"按钮,完成辅助视图的创建。如图 5 – 16 所示。

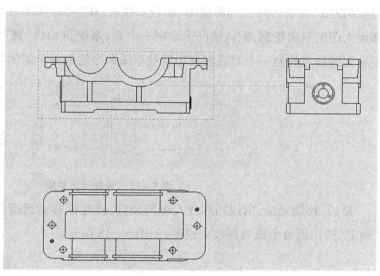

图5-13　投影视图面板　　　　　　图5-14　投影视图创建

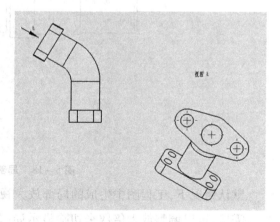

图5-15　辅助视图预览　　　　　　图5-16　辅助视图的创建

若使用绘制的直线生成辅助视图,草图将被固定,这样不能将其删除,但可在编辑草图时可以删除草图实体。编辑所绘制的用于生成辅助视图的过程如下:选择辅助视图,在"辅助视图"面板中选取箭头,右击视图箭头后选择"编辑草图"命令,编辑所绘制的直线,然后退出草图模式。修改生成辅助视图的直线,并重生成辅助视图。

（2）局部视图

在工程图中生成一个局部视图用来特别显示某个部位,局部视图对属性管理器中设计树展开的所有零部件和特征均适用。生成局部放大视图步骤如下：

首先，单击"工程图"选项卡中的"局部视图"按钮，或依次执行"插入" – |"工程视图" – "局部视图"命令，弹出"局部视图"面板。接着，在"局部视图"面板上，提示用户绘制创建局部放大图的封闭轮廓，默认情况下绘制一个圆，系统自动将"圆"命令激活。然后，在视图需要放大的地方绘制一个圆或者使用其他草图命令绘制一个封闭轮廓。如图 5 – 17 所示。

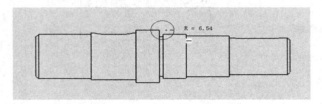

图 5 – 17   绘制封闭轮廓

最后，移动光标，出现局部放大视图预览，将光标移动到适合位置单击进行放置。单击"确定"按钮即可生成局部放大视图，如图 5 – 18 所示。

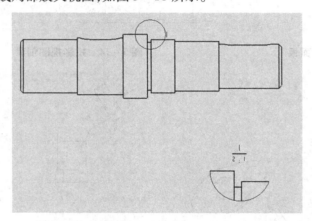

图 5 – 18   局部放大视图创建

默认情况下，工程图中生成的局部放大视图将源区域放大两倍。用户根据图形大小的实际需要，可以调整放大倍数来切除显示局部放大区域。修改局部视图放大倍数有以下两种方法：修改系统默认局部放大视图倍数和修改生成的局部放大视图倍数。

通过以下操作可以修改系统默认局部放大视图：在菜单栏中执行"工具" – "选项"命令，在弹出的系统选项对话框中选择工程图，在"局部视图比例"选项右侧重设放大倍数，如图 5 – 19 所示。例如，将系统视图比例缩放值修改为"3"，单击"确定"按钮后即可生效。再次生成局部视图时，其放大比例则变成 3 倍。

图 5 – 19　系统选项对话框

通过以下操作可以修改生成的局部放大视图倍数：单击局部视图，在左侧弹出的"局部视图 1"属性面板中的"比例"选项组中选择"使用自定义比例"复选框，在其下拉列表中选择合适的比例因子，或者选择"用户定义"选项，并在其下的文本框中输入自定义的视图显示比例。如图 5 – 20 所示。

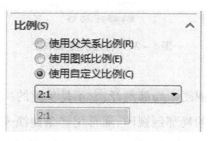

图 5 – 20　比例对话框

（3）剪裁视图

除了局部视图和已用于生成局部视图的视图，可以使用"剪裁视图"命令剪裁任何工程视图。剪裁视图步骤是:首先,激活现有的视图,使用圆、样条曲线等草图绘制工具绘制闭合轮廓。接着,单击"工程图"选项卡中的"剪裁视图",或执行"工具"–"剪裁视图"–"移除剪裁视图"命令,于是,轮廓以外的视图区域将消失,如图 5–21 所示。

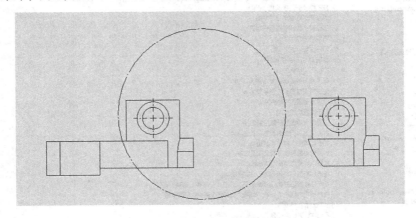

图 5–21　剪裁视图创建

编辑或删除剪裁视图时,右击剪裁视图,在弹出的快捷菜单栏中选择"剪裁视图"|"剪裁视图"或"移除剪裁视图"命令可实现剪裁视图的编辑或移除。如图 5–22 所示。

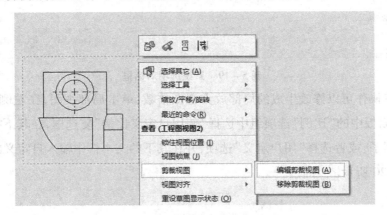

图 5–22　右建快捷菜单栏

(4)局部剖视图

局部剖视图是在已有的视图中局部剖开,它不是单独的视图,而是标准视图的一部分。需要用闭合的轮廓定义断开的局部剖视图,通常用样条曲线来围成待剖开的封闭区域。通过设置剖切深度,在相关视图中选择一条边线来时指定剖切深度。

创建断开的剖视图步骤如下:单击"工程图"选项卡中的"断开的剖视图"按钮,激活"断开的剖视图"命令。使用"样条曲线"命令绘制断开剖视图的封闭轮廓。如图 5–23 所示。

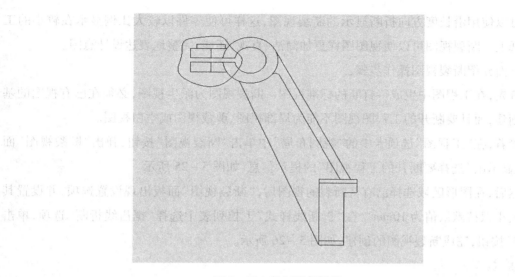

图5-23　绘制封闭轮廓

　　设置深度后并选中"预览"复选框,方便查看剖切深度是否恰当,可以输入数值或使用微调开关进行调整。也可以在"深度参考"中选择工程图中的视图实体棱边作为参考生成断开的剖视图,使用"深度参考"方式后,距离文本框中的数值变成灰色,并显示出所选参考实体对应的深度值。单击"确定"按钮,完成视图生成操作。局部剖视图的生成如图5-24所示。

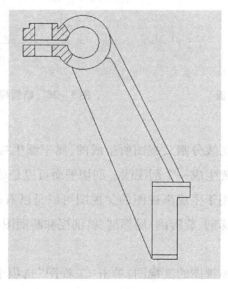

图5-24　断开视图的创建

（5）断裂视图

断裂视图是视图的折断画法。对于具有相同截面或界面均匀变化的长杆类零件,其工程图可以使用沿长度方向折断显示的断裂视图,这样可使零件以较大比例显示在较小的工程图纸上。断裂视图可以使视图图样更加简洁、直观,还能、完整地表达设计意图。

下面介绍断裂视图操作步骤:

首先,在工程图中生成待打断的标准视图。断裂视图为派生视图,必须在已有视图的基础上创建,而且要断开的工程图视图不能为局部视图、剪裁视图或空白视图。

接着,在"工程图"选项卡中的"视图布局"中单击"断裂视图"按钮,弹出"断裂视图"面板,并显示出"选择要断开的工程视图"的提示信息,如图 5 - 25 所示。

然后,在图形区域选择已有待断裂的视图后,"断裂视图"面板出现设置选项,并设置其缝隙大小保持默认值为 10mm。在"折断线样式"下拉列表中选择"锯齿线折断"选项,单击"确定"按钮,完成断裂视图的创建,如图 5 - 26 所示。

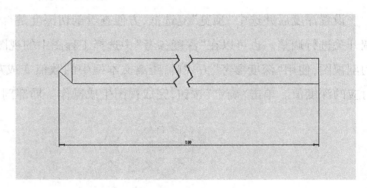

图 5 - 25　"断裂视图"面板　　　　图 5 - 26　断裂视图创建

5.2.3　剖视图

剖视图是通过一条剖切线分割父视图所生成的,属于派生视图。借助于分割线和剖切平面可以在工程图投影位置生成一个剖视图。剖切平面可以是单一剖切面或者用阶梯剖切线定义的等距剖面。其中用于生成剖视图的父视图可以是已有的标准视图或派生视图,并且可以生成全剖、半剖、阶梯剖、旋转剖、局部剖、斜剖视和断面图等。

(1)基本视图剖视图

通过以下步骤生成基本视图的剖视图:单击"工程图"选项卡上的"剖视图"按钮,或依次执行"插入"-"工程视图"-"剖视图"命令,在弹出的"剖视图"面板中选择剖切线类型,如图 5 - 27 所示。

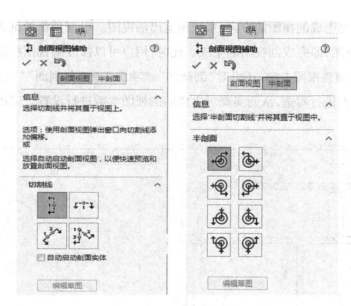

图5-27 "剖视图辅助"面板

例如选择剖切线类型为水平,并将光标移至待剖切的视图区域,光标处自动预览出黄色的辅助剖切线。移动光标捕捉剖切线上的特征点(如中点、圆心、坐标原点等),捕捉到圆心位置后单击,并单击"确定"按钮,系统自动将剖切线确定出来,并使用双箭头显示在剖切线外侧方向,如图5-28所示。

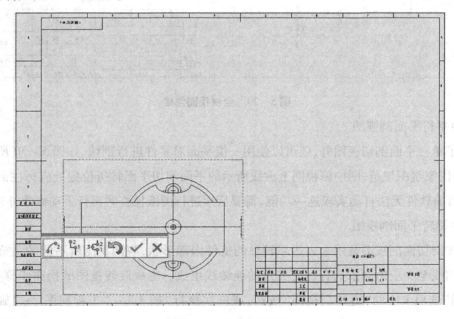

图5-28 剖切线确定

　　移动光标到要生成剖视图的方向,系统预览出剖视图。根据预览的剖视图,移至合适位置单击,放置剖视图,即完成剖视图的生成。此时,用户可以修改剖视图标示的字母,可单击"反转方向"按钮调整视图方向,还可对"剖视图"选项组的"部分剖面""只显示切面""自动加剖面线等复选框进行勾选,从而实现对生成的剖视图参数进行设置。完成的剖视图如图 5－29 所示。

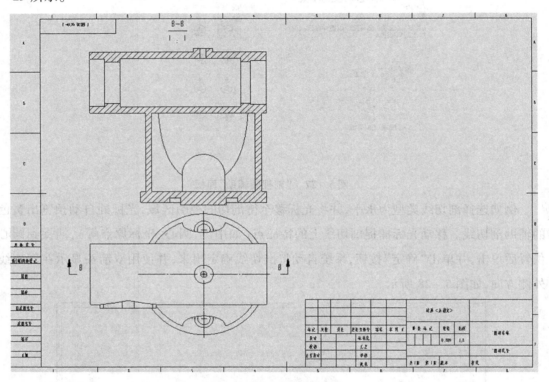

图 5－29　全剖视图创建

　　(2)平行平面剖视图

　　除了单一平面剖切视图外,还可以使用一组平面对零件进行剖切,如图 5－30 所示。注意,根据国家制图规范,图中俯视图上虚线所示的平面剖切平面转折位置处应标注剖切面符号 B。目前软件无法自动实现这一功能,需要后续进行图纸检查时再行手动修改补充标注。

　　(3)旋转平面剖视图

　　旋转剖切面剖视图是用来表达回转轴的机件内部形状,与剖视图所不同的是旋转剖视图的剖切线至少应由两条具有一定夹角的连续线组成。生成旋转视图的操作步骤是,单击"工程图"选项卡中的"旋转剖视图"按钮,或依次执行"插入"－"工程视图"－"旋转剖视图"命令。此时,剖切线为根据需要绘制两条相交的中心线段或直线段。一般情况下,两条线段的交点与回转轴重合。如图 5 – 31 所示。

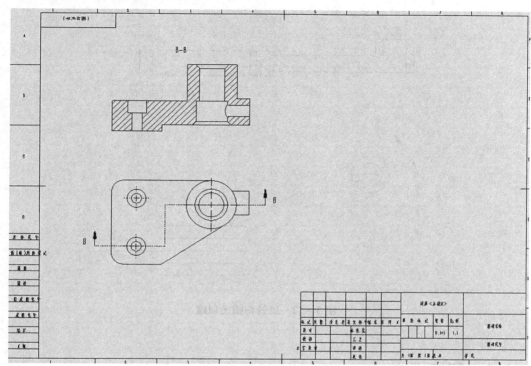

图 5 – 30　平行剖切平面剖视图创建

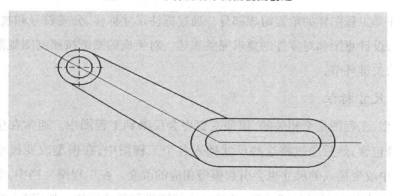

图 5 – 31　剖切线绘制

在"剖切视图"面板中设置相关参数,移动光标,显示视图预览。系统默认视图与选择中心线或直线生成的剖切线箭头方向对齐,当视图位于适当位置时单击将其放置。创建好的旋转剖视图如图 5 – 32 所示。

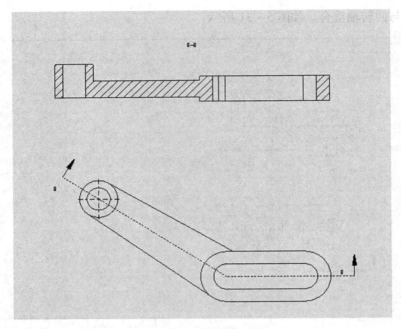

图 5 – 32　旋转剖视图创建

5.3　图纸标注

图纸标注是工程图样的重要组成部分。通过标注尺寸标注、公差符号和技术要求等,可以将设计者的设计意图和对零件的要求完整表达。对生成的图纸按照制图规范进行标注是完成工程图的关键环节,

5.3.1　尺寸标注

草图、模型、工程图是全相关的,模型变更更会反映到工程图中。通常在生成每一个零件特征是已经包含,然后通过将这些尺寸插入各个工程图中,在模型改变尺寸会更新工程图,在工程图中改变插入的尺寸也会引起模型相应的改变。在工程图文档中,单击"尺寸/几何关系"选项卡中的"智能尺寸"按钮,然后选中视图进行尺寸标注。如图 5 – 33 所示。

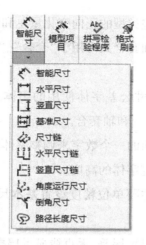

图5-33　智能尺寸面板

5.3.2　公差符号标注

工程图中的公差包括尺寸公差和行为公差。用户可通过单击"尺寸"按钮或"尺寸属性"对话框中的"公差"按钮来激活"尺寸"属性面板,然后单击"数值",并在"公差/精度"选项组设置尺寸公差值和非整数尺寸之显示,可根据所选的公差类型及是否设定文件选项或应用规格到所选的尺寸而定。

设置尺寸公差如下:单击工程视图上任一尺寸,在"尺寸"属性面板中设置尺寸公差的各种选项,尺寸公差选项及图例。单击"确定"按钮。"尺寸"属性面板主要选项详解如下:

公差类型:可以此下拉列表中选择"无""基本""双边""极限""对称""最小""最大""套合""与公差配合"和"套合(仅对公差)"之一,如图5-34所示。

图5-34　尺寸对话框

公差值：指定适合于所选公差类型的正向变化量 + 和负向变化量 – 。

孔套合和轴套合：孔套合和轴套合只可用于"套合"、"与公差套合"或尺寸属性的"套合（仅对公差）"类型。

字体/套合公差字体：指定尺寸公差字体使用的字体。对于"套合"和"与公差套合"和"套合仅对公差"字体可用于孔套合和轴套合。

字体比例：输入 0 ~ 10.0 之间的一个数字来调整字体比例。

字体高度：输入一个数值指定字体的高度。

主要单位精度和公差精度：主要单位精度设置基本尺寸精度，公差精度：设置尺寸公差精度。

套合公差显示：选择以直线显示层叠、无直线显示层叠或线性显示。

5.3.3 注解标注

可以将所有类型的注解添加到工程图文件中，可以将大多数类型添加到领奖或装配体文档，然后将其插入到工程图文档。在所有类型的文档中，注解的行为方式与尺寸相似。可在工程图中生成注解。

"注解"选项卡提供的工具用于添加注释及符号到工程图、零件或装配体文件。注解包括：注释、表面粗糙度、形位公差、零件序号、自动零件序号、基准特征、焊接符号、中心符号线和中心线等内容。

（1）表面粗糙度符号

用户可以使用表面粗糙度符号来指定零件实体表面的表面纹理。输入表面粗糙度操作步骤如下：单击"注解"选项卡上的"表面粗糙度"按钮，或者执行"插入"|"注解"|"表面粗糙度符号"命令，弹出"表面粗糙度"属性面板，如图 5 – 35 所示；在面板中设置属性；在图形区域单击放置符号；对于多个实例，根据需要单击多次以放置多条引线；编辑每一个实例，可以在面板中更改每一个符号实例的文字和其他项目；设置引线，如果符号带引线，单击一次放置引线，然后再次单击放置符号；单击"确定"按钮即可完成表面粗糙度符号标注。

（2）基准特征符号

在零件或装配体中，可以将基准特征符号附加在模型平面或参考基准面上。在工程图中，可以将基准特征符号附加在显示为边线（不是侧影轮廓线）的曲面或剖视图面上。

插入基准特征符号操作步骤如下：单击"注解"选项卡中的"基准特征"按钮，弹出"基准特征"属性面板，如图 5 – 36 所示；在"基准特征"面板中设置相关选项；在图形区域中单击以放置附加项，然后放置该符号。如果将基准特征符号拖离模型边线，则会添加延长线；根据需要继续插入多个基准特征符号;单击"确定"按钮即可完成基准特征符号标注。

图 5 - 35　"表面粗糙度"面板

图 5 - 36　"基准特征"面板

5.4　材料明细表

装配体是由多个零部件组成的。按照制图规范,装配图标题栏增加有明细表即装配零部件清单。在 Solidworks 软件中,装配清单可以通过材料明细表来快速生成。

5.4.1　生成材料明细表

在装配图中生成材料明细表的步骤如下:依次执行"插入"|"表格"|"材料明细表"面板,如图 5 - 37 所示。

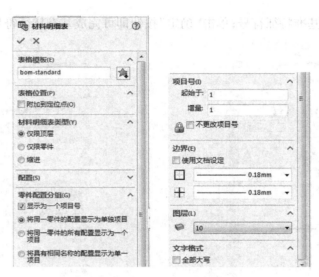

图 5-37　生成明细表面板

选择工程图中的一个视图生成材料明细表的指定模型,图形区域预览出材料明细表,如图 5-38 所示。

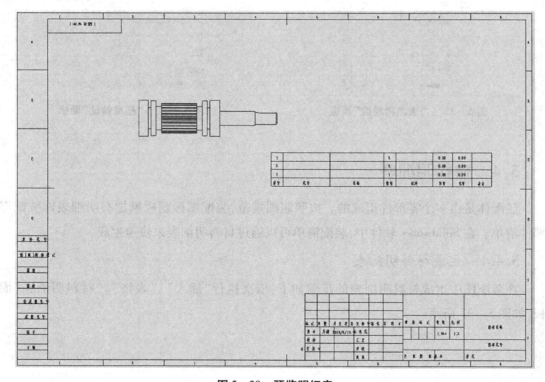

图 5-38　预览明细表

　　将光标移至合适的位置单击,放置材料明细表。通常需要将材料明细表与标题栏衔接,如图5-39所示。然后需要编辑表格内容,在工程图中生成材料明细表后,用户可以栓剂材料明细表并编辑材料明细表内容。应该强调的是,由于材料明细表是参考装配体生成的,用户对材料明细表内容的更改将在重建时被覆盖。设置完毕后,单击确认。

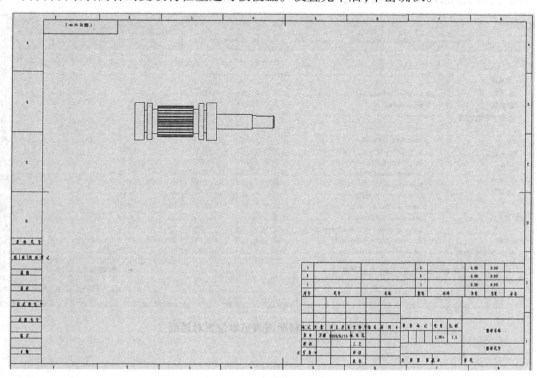

图5-39　明细表与标题栏对接

5.4.2　自定义材料明细表模板

　　系统所预设的材料明细表范本文件的存储位置为软件安装目录中。用户可根据需要打开自定义模板,操作步骤如下:首先,打开软件安装目录 Solidworks\lang\chinese - simplified\Bomtemp. xl 文件。接着,进行如图5-40所示的设置。需要注意的是,定义名称应与零件模型的自定义属性一致,以便在装配体工程图中自动插入明细表。

　　然后,将原 Excel 文件中的"项目号"改为"序号",定义名称为"ItemNo"。在"数量"前插入两列,分别为"代号"和"名称",定义名称分别为"DrawingNo"和"PartNo"。将"零件号"改为"材料",定义名称为"Material"。在"说明"前插入两列,分别为"单重"和"总重",定义名称分别为"Weight"和"Total Weight"。接下来,将原 Excel 文件编辑环境中的"说明"改为"备注",定义名称为"DEscription"。在 Excel 文件编辑环境中,逐步在 G 列中输入表达式 D2

＊F2…D12＊F12，以便在装配体的工程图中由装入零件的数量与重量乘积来自动计算所装入零件的重量。依次执行"文件"－"另存为"命令，将文件名命名为 BOM 表模板，进行保存。最后，自定义材料明细表模板文件成功后，新建工程图或在工程图中插入材料明细表时，就会自动按照设定的材料表选项标注执行，并且无须查找模板文件放置路径。

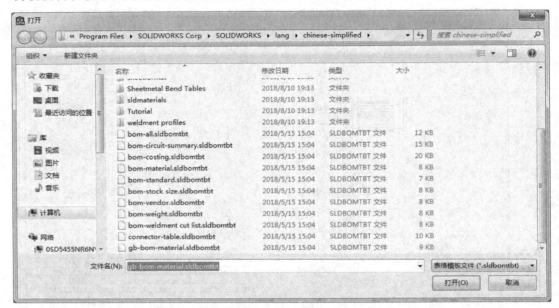

图 5 - 40　材料明细表范本位置对话框

5.5　装配图创建

5.5.1　创建装配图前的准备

在创建装配图之前，用户需要事先定义好装配体及零部件的属性，如序号、材料、代号、名称等，以便 Solidworks 软件直接将装配体或者零件中的属性值直接添加在工程图中。SolidWorks 的标准工程图模板已经在格式文件中建立了链接到属性的注释。这些属性值来自视图中零件、装配体或工程图文件的自定义属性。下面介绍装配体零件自定义属性并链接到工程图图纸中的具体操作流程。

首先，为零件图添加自定义属性。单击"新建"按钮，选择"零件"模板，打开零件绘制环境，一般情况下，在开始绘制零件之前，用户应该填写零件图的属性。单击"文件"按钮，在"文件"列表中选择属性。弹出摘要信息。如图 5 -41 所示。

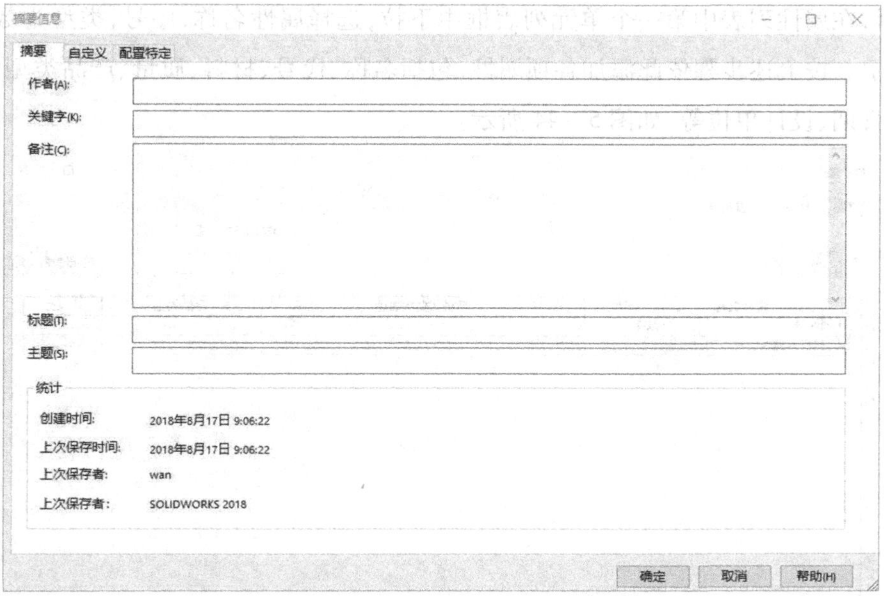

图 5 - 41　"摘要信息"对话框

接着,切换至自定义面板,单击"编辑清单"按钮,添加属性名称:序号、名称、代号、产品类型、设计、审核、设计日期以及设计单位。单击确定,如图 5 - 42 所示。

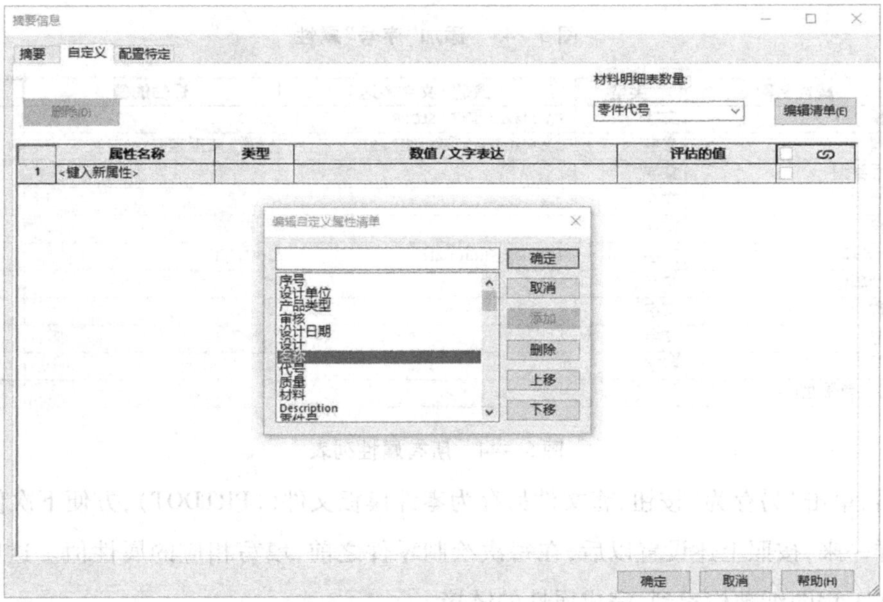

图 5 - 42　添加属性名称

然后,在属性列表中第一个单元列表框中下拉,选择属性名称,序号,类型为数值,如图5-43所示。按上述步骤依此添加各项属性,包括名称、代号、材料、质量、产品类型、设计、审核、设计日期、设计单位等,如图5-44所示。

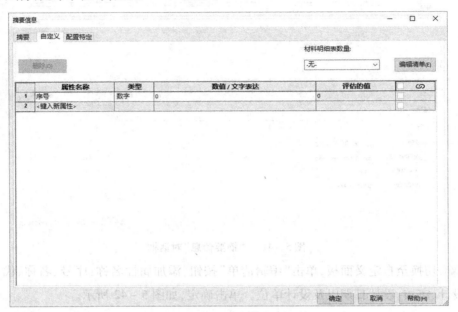

图5-43 添加"序号"属性

	属性名称	类型	数值 / 文字表达	评估的值		⌒
1	质量	文字	"SW-Mass@零件1.SLDPRT"	0.000		
2	材料	文字	"SW-Material@零件1.SLDPRT"	材质 <未指定>		
3	产品类型	文字				
4	设计	文字				
5	审核	文字				
6	设计日期	文字	$PRP:"SW-Short Date"	2018/8/17		
7	设计单位	文字				
8	名称	文字				
9	代号	文字				
10	序号	数字	0	0		
11	<键入新属性>					

图5-44 所有属性列表

最后,单击"另存为"按钮,将文件另存为零件模板文件(.PRTDOT),方便下次使用。

这样一来,按照上述设置以后,在每次绘制零件之前,填写相应的属性值。这些属性值将可以在工程图纸被检索到,完成属性的链接。

装配体模板的属性定义方式与零件图一致,这里不再做过多的说明,装配体中的所需设置的属性值主要包括名称、代号、产品类型、设计、设计日期、审核,以及设计单位。

5.5.2　建立工程图模板

单击"新建"按钮,选择国标工程图模板。右键单击设计树中的"图纸1",在快捷菜单中选择编辑图纸格式按钮,可以看到标题栏中一些默认的链接属性,如图5-45所示。

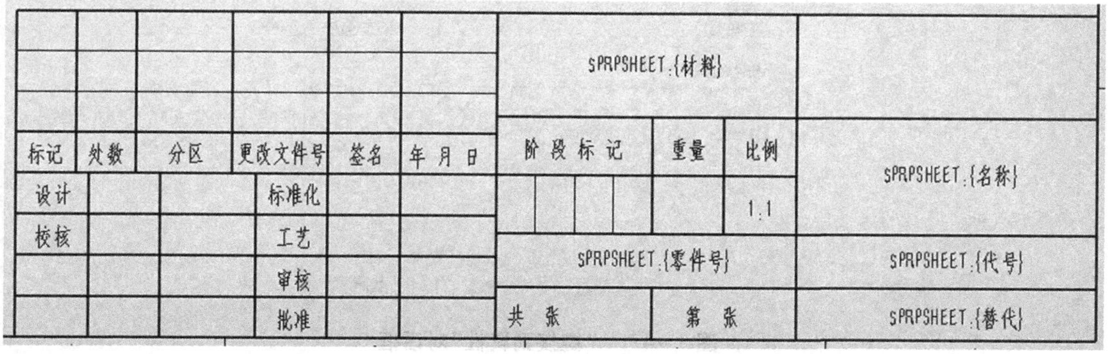

									SPRPSHEET.{材料}		
标记	处数	分区	更改文件号	签名	年 月 日	阶 段 标 记	重量	比例		SPRPSHEET.{名称}	
设计			标准化					1:1			
校核			工艺			SPRPSHEET.{零件号}			SPRPSHEET.{代号}		
			审核								
			批准			共　张		第　张	SPRPSHEET.{替代}		

图5-45　默认链接的属性

在属性上双击,进入属性文本框,如图5-46所示。删除默认属性,在属性管理器面板中单击链接属性按钮▦。

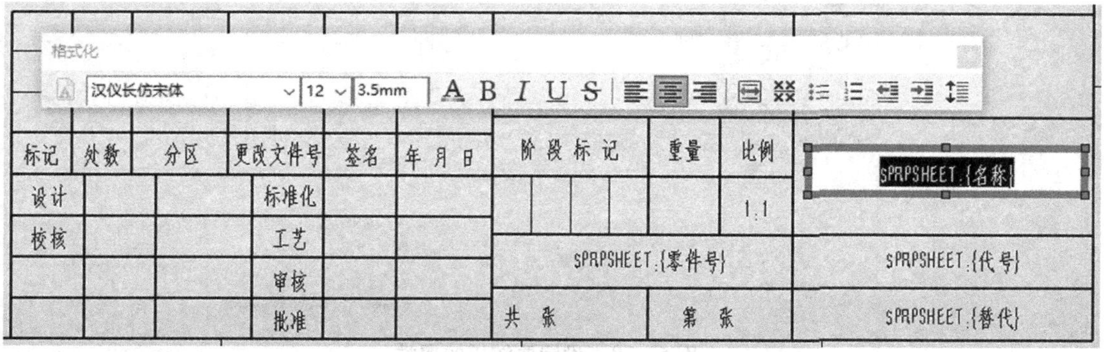

图5-46　编辑默认属性

删除默认属性,在属性管理器面板中单击链接属性按钮▦。弹出链接到属性对话框,选择"此处发现的模型",如图5-47所示。然后,单击文件属性按钮,弹出"摘要信息",在属性列表中依此下拉单元格中的列表,创建:序号、名称、代号、材料、质量、产品类型、设计、设计日期、审核以及设计单位属性,方便下次调用。单击确定。回到"链接到属性"对话框,下拉属性名称列表,选择刚刚创建的"名称"属性后,标题栏中将链接零件模板中的"名称"属性,如图5-48所示。

图 5 – 47　"链接到属性"对话框

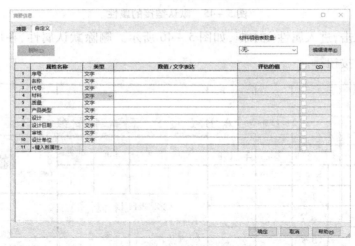

图 5 – 48　设置要链接的属性

　　按照上述方式完成下图 5 – 49 所示的标题栏属性的链接。将图框线的粗细宽度设置为国家标准规定后,退出编辑图纸格式。

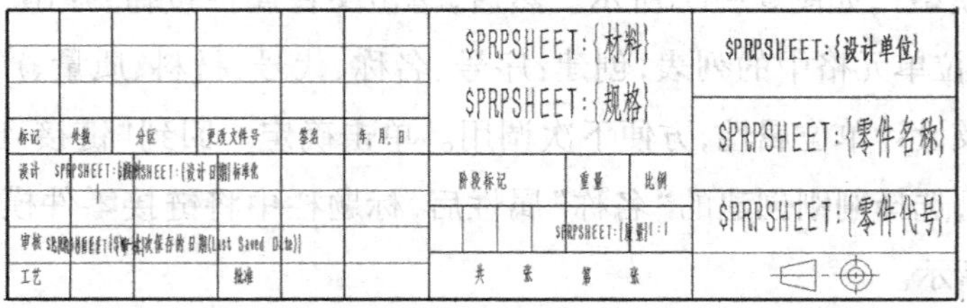

图 5 – 49　标题栏属性

5.5.3 设置文档属性

单击选项按钮,弹出"系统选项"对话框,单击文档属性选项卡,将绘图标准设置为 GB,注解、尺寸、表格以及视图的文字设置为长仿宋体。需要注意的是,如果找不到长仿宋体,一般是计算机系统没有安装长仿宋体字体库,用户可以到第三方网站下载安装后即可。

字体设置完成以后,展开注解、尺寸、表格以及视图树,将树中所包含的所有子选项设置到标准所规定的图层中,并将选项中的选项设置为国家标准。文件设置完成以后,将绘图标准保存到外部文件,方便下次调用。

全部设置完成文档属性后,将工程图另存为工程图模板文件(. DRWDOT)。

5.5.4 填写属性列表

以叶片泵装配图为例。按照材料明细表(如表 5 - 1 所列)填写零件以及装配体的属性值,叶片泵所有零件及装配体见附件。

表 5 - 1 叶片泵材料明细表

序号	代号	名称	数量	材料	产品类型
1	YPBL JT - 1	左泵体	1	HT200	机加工件
2	YPBL JT - 02	定子	1	Cr12MoV	机加工件
3	YPBL JT - 03	叶片	12	WI8Cr4V	外购件
4	YPBL JT - 04	转子	1	20Cr	机加工件
5	YPBL JT - 5	左配油盘	1	HT300	机加工件
6	YPBL JT - 6	右配油盘	1	HT300	机加工件
7	YPBL JT - 7	右泵体	1	HT200	机加工件
8	YPBL JT - 8	盖板	1	HT150	机加工件
9	YPBL JT - 09	轴	1	45	机加工件
10		骨架油封	2	耐油橡胶	外购件
11		密封圈	1	丁腈橡胶	外购件
12	GB/T 894.2 - 1986	轴用弹性挡圈20	2	65Mn	外购件
13	GB/T 276 - 1994	轴承6204	1	GCr15	外购件
14	GB/T 893.2 - 1986	轴用弹性挡圈47	1	65Mn	外购件
15		密封圈	1	丁腈橡胶	外购件
16		密封圈	1	丁腈橡胶	外购件
17		密封圈	1	丁腈橡胶	外购件

续表

序号	代号	名称	数量	材料	产品类型
18	GB/T 65 – 2000	开槽圆柱头螺钉	2	35	外购件
19	GB/T 276 – 1994	轴承 6001	1	GCr15	外购件
20	GB/T 70.1 – 2008	内六角圆柱头螺钉 M12X65	4	65	外购件
21	GB/T 70.1 – 2008	内六角圆柱头螺钉 M8X20	3	45	外购件

　　填写完成上述零件属性后,开始创建叶片泵装配图。打开叶片泵装配体文件,单击新建按钮,选择"从零件/装配体制作工程图",选择上次创建的国标模板后,即可进入工程图环境。

　　拖拽上视图到图纸中,创建一个基准视图,如图 5 – 50 所示。

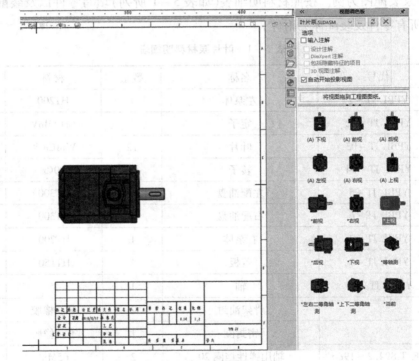

图 5 – 50　基准视图

　　同样方式拖拽右视图,调整视图位置,如图 5 – 51 所示。

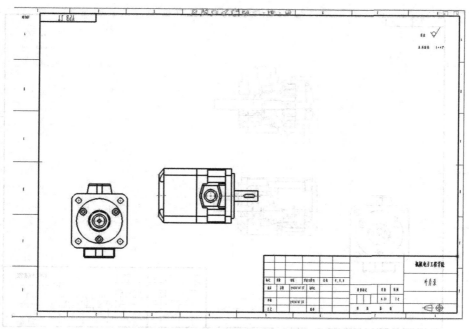

图5-51 创建右视图

单击断开的剖视图按钮,绘制剖切轮廓,创建断开的剖视图,如图5-52所示。

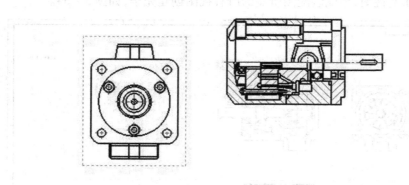

图5-52 创建断开的剖视图

单击剖视图按钮,创建剖视图A-A,如图5-53所示。

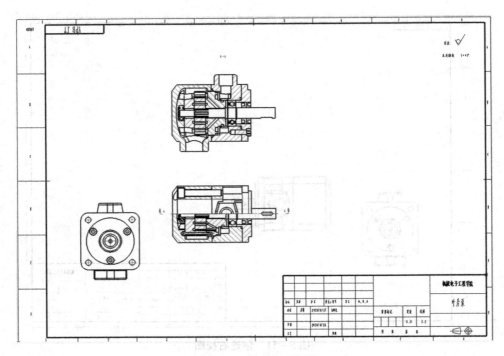

图 5 – 53　创建半剖视图

创建平行平面剖视图，至此装配图所需的所有视图创建完毕，如图 5 – 54。

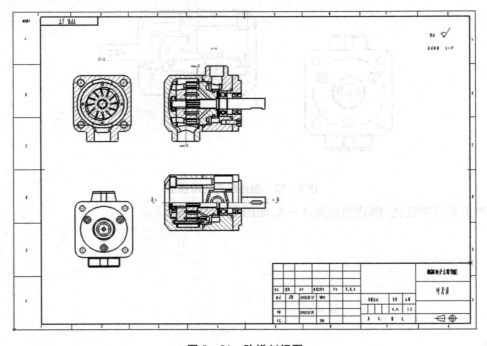

图 5 – 54　阶梯剖视图

单击注释选项卡中的表格工具,选择材料明细表,选择半剖视图 A‑A,按下图 5‑55 设置材料明细表参数。单击确定。

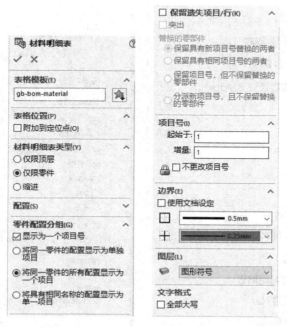

图 5‑55 材料明细表参数

选择材料明细表中的序号列,单击列属性按钮,修改列类型为自定义属性,属性名称为序号,如图 5‑56 所示。

图 5‑56 修改列属性

右键单击材料明细表,在快捷菜单中选择排序,弹出分排对话框,按下图 5 – 57 设置排序方式,单击确定。

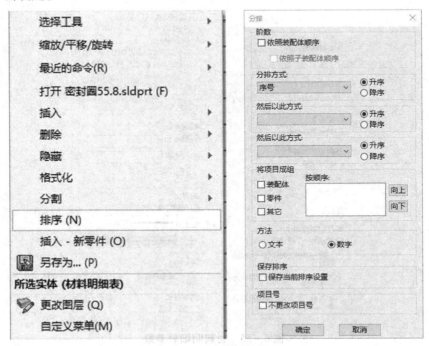

图 5 – 57　明细表重新排序

选择材料列,单击列属性按钮,设置列类型为自定义属性,属性名称为材料。材料明细表设置完成,如图 5 – 58 所示。

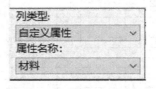

图 5 – 58　设置材料属性

添加自动序号(零件编号)。命令执行后,初步生成的序号布局及图纸如图 5 – 59 所示。零件编号及序号排序正常,但是导引线位置可能杂乱无章。按照制图规范和图形美观要求,需要进一步整理序号位置和编号导引线位置。最后调整完成后,即可获得较为规范整洁的装配图,如图 5 – 60 所示。保存文件为叶片泵装配图。

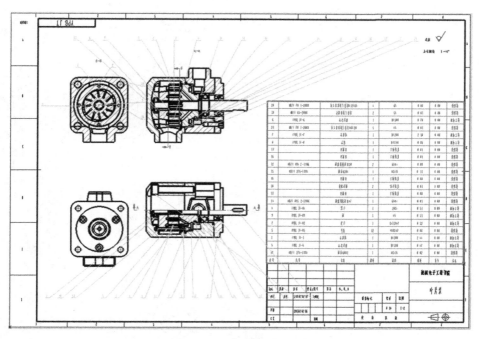

图 5 – 59　未整理的装配图

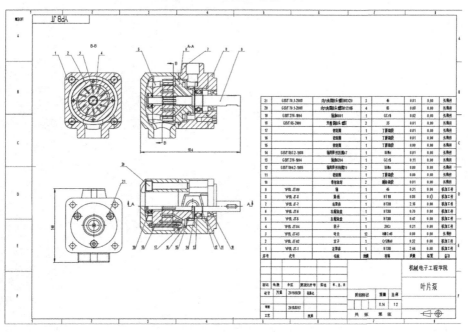

图 5 – 60　叶片泵装配图

至此完成了装配图绘制。